人都是逼出来的

雨岑 著

吉林文史出版社

JILIN WENSHI CHUBANSHE

图书在版编目（CIP）数据

人都是逼出来的 / 雨岑著. -- 长春 : 吉林文史出
版社, 2019.3（2023.8 重印）

ISBN 978-7-5472-6082-1

Ⅰ.①人… Ⅱ.①雨… Ⅲ.①成功心理－通俗读物
Ⅳ.①B848.4-49

中国版本图书馆CIP数据核字(2019)第058562号

人都是逼出来的

出 版 人　张　强
著　 者　雨　岑
责任编辑　弨　兰
封面设计　韩海静
出版发行　吉林文史出版社
地　　址　长春市福祉大路出版集团 A 座
印　　刷　德富泰（唐山）印务有限公司
版　　次　2019 年 3 月第 1 版
印　　次　2023 年 8 月第 2 次印刷
开　　本　880mm×1230mm　1 / 32
字　　数　140 千字
印　　张　8
书　　号　ISBN 978-7-5472-6082-1
定　　价　38.00 元

前　言

苦难是最好的大学，不甘则是成功最好的催化剂。

不经历苦难，人便容易耽于安乐，在顺风顺水中滋生惰性，把自己局限在狭隘的眼界中，受不得丝毫的风吹雨打，扛不住半点的失败挫折；没有一颗不甘的心，人便容易自暴自弃，因畏惧前路艰难而胆怯退缩，在抱怨与不满中虚度光阴，却从来没有改变的勇气与毅力，毕竟放弃永远比抗争和坚持更容易。

人生需要磨砺，苦难无疑是最好的打磨器。人当心怀不甘，唯有不甘，才能咬紧牙关，把自己逼向更高、更远的地方。

你或许曾有过这样的体验：

无论是在学校还是公司，领导交给了你一个看似不可能完成的任务，并严肃地告诉你，若不能按时完成，你将收到来自学校或公司的辞退通知书。此时，你的内心必然是慌乱而崩溃的，横在你眼前的，仿佛是一条永远无法跨越的沟堑。终于，你咬紧牙关，逼迫自己往前走，累得天昏地暗——最终，你成功了，完成了这个本以为千难万险永远都不可能完成的任务。

瞧，这就是人的潜力。你总以为自己不行，那是因为你从来不曾逼迫过自己。就像跑步，你以为在跑道上拼了命地奔驰，那便是你的极限速度。然而，当你身后追逐着虎豹和恶狼时，你才会真正明白，什么叫作"拼了命"，也才会猛然惊觉，你的极限其实永远比你想得要更多一些。

所以，人们常说："人都是被逼出来的。"不逼迫一下自己，你永远不知道自己究竟拥有多大的潜力。不要轻易就断定自己"不行"，不把自己逼到极致，又怎能轻率地给自己的人生下结论呢?

失败者与成功者之间的能力差距，其实并不想我们想象得那么大。失败者之所以失败，未必就是能力不济;成功者之所以能成功，不一定就是天赋异禀。很多时候，失败者与成功者之间的差距，不过只是因为前者对自己太好，而后者则对自己够狠。只有够狠，方能将自己的潜力全部逼出来，让自己爬上巅峰。

人的潜力是无穷的，关键在于你是否能狠下心，把深埋的潜力全部逼出来。今天的心软，消耗的是明天的辉煌;今天的安逸，付出的是未来的代价。人都是被逼出来的，你舍不得对自己狠一点，总有一天，这个世界会对你更加狠。

所以，请记住，无论身处何地，无论遭遇什么，都不要忘记逼自己一把。若是身在谷底，不逼迫自己，又怎能向上攀爬，脱离低谷;若是安逸顺遂，不逼迫自己，便只能停滞不前，不进而退。

目　　录

第一章 逼自己，在安逸的时候

DIYIZHANG

——对自己狠一点儿，离梦想就近一点儿

孟子言："生于忧患，死于安乐。"安逸是世间最甜美的毒药，让人沉沦其中，不可自拔。耽于安逸者，终将在安逸中消磨掉锐意，在平庸中虚度一生。

世界从不会停下来等待任何一个人，你若不能对自己狠一点儿，若不能逼自己走快一些，梦想和成功便只会离你越来越远。

登上没有退路的悬崖，把自己"逼"上巅峰

生活是美好的，也是残酷的。暴风雨总是在不期而遇中出现，困难和挫折总比我们想象的要多很多。看似平静的生活表面，底下却永远少不了暗流深涌。我们只有不断地把自己逼向没有退路的悬崖，才能不断向前，登上顶峰。

人生从来不会缺少挑战，在那些看似难以逾越的障碍面前，很多人都会感到迷茫：自己的能力不够，抑或是自己作了错误的选择？困惑常在，你停下来去究其根源就会发现，这不过是命运给你安排的考验而已，深究没有任何意义，你只要把控好自己的方向，选择勇往直前就够了。

对于任何人来说，挑战都是人生不可避免的一个关卡。在人的一生中，最可怕的，从来都不是外界带来的压力，而是我们在面对挑战和挫折的过程中的麻木不仁和茫然无知。

看看身边的那些人吧，有些人因为逃避挑战而止步不前，最终在平庸中荒废一生；但也有很多人，无论何时都能够坦然面对一切，不会因惧怕困难而止步不前，也不会因遭受打击和失败就自暴自弃。他们从来不会向命运妥协，永远都在逼迫着自己，以一种永不屈服的精神和勇往直前的执着努力向上攀爬。

人啊，一定要能够逼自己，越是安逸，越是要小心，别被生活平静舒适的假象磨去了锐利的棱角，迷失在人生的道路上。正如古人所说："生于忧患，死于安乐。"唯有心中长存忧患，才能走得长久，攀得高远。

当迷失沙漠的旅人喝掉了皮囊里的最后一滴水时，他会作出怎样的选择？当一个人不小心掉进了水里，他会作出怎样的举动？当

一个研究者历尽辛劳却最终得出一个错误的研究结论时，他又该如何取舍？

曾有人问过一个坐拥百万家产的富豪，在他一无所有的时候，他凭借着什么走到现在？富豪严肃地说："虽然在别人看来，我一无所有，但我知道，我还拥有勇往直前的信念。"

一个人在一无所有之时，往往也是其最具爆发力的时候；一件事走到绝地的时候，往往也是最具有转机的时候。当我们把一无所有看作是一种优势，而不是劣势的时候，我们距离成功也就更近了一些。当在困难面前勇往直前的时候，我们便能更加接近成功。

在一所航海学校，几个年轻人问一位在大海上与风浪搏击了一辈子的老船长："如果你的船行驶在海面上，通过气象报告，预知前方海面有一个巨大的暴风圈正迎着你的船而来。请问，以你的经验，你将会如何处置呢？"

老船长微笑着反问了一句："如果换作你们，你们又会如何处置呢？"

一个年轻人信心满满地说："我会选择返航，将船头掉转180度，远离暴风圈。这样应该是最安全的方法吧？"

老船长摇了摇头："不行，当你掉头返航时，暴风圈还是会迎向你的船。你这么做，反而将你的船与暴风圈接触的时间延长了许多，这是非常危险的。"

另外一个年轻人说："那如果我将船的航线向左或者向右转90度，努力脱离暴风圈的威胁就可以了吧？"

老船长依然摇摇头，接着说："这样做还是不行，如果这样做，将会使船身整个侧面暴露在暴风雨的肆虐之下，增加与暴风圈接触的面积，结果也是更加危险。"

众人开始不解了，问道："如果这些方法都不行，那么究竟应该怎么做呢？"

老船长这才语重心长地说："此时只有一个方法，那就是抓稳你的舵轮，让你的船头不偏不倚地迎向暴风圈。唯有这样做，你才可以把船体与暴风圈接触的面积化为最小，同时，你的船与暴风圈彼此的相对速度组合在一起，还可以减少与暴风圈接触的时间。最为重要的是，当你冲过暴风圈的时候，迎接你的是另一片充满阳光的蔚蓝晴空。"

如果说人生就是一场旅行，那么海面上的暴风雨就是我们遇到的绝境。有些时候，横在你面前的困难是你无法躲避的，那是命运安排你必须经历的，这不是命运和你开的玩笑，而是人生给你的一种考验，看你是否有资格进入下一关。这个时候，你越是躲避，就越是陷入不解。在陷入绝境的时候，勇往直前才是唯一的，也是最明智的选择。这种貌似不讲道理的做法其实蕴含着莫大的人生智慧。

很多时候，危机其实也是推动我们前行的动力。当危机席卷而来时，残酷的现实让我们变得一无所有，也让我们没有了最后的犹豫和固有的陈规。那时，勇往直前便是我们唯一的选择。一个成功的人，最明显的特质就是拥有坚定不移的意志力，不管外界的环境变化成什么样子，他的初衷和希望是不会改变的，这种不变的信念正是支撑他克服障碍，走向成功的强劲动力。

一帆风顺只是存在于人们的祝福之中，风雨无阻才是一个人应有的人生态度。一个真正的强者，永远不会计较自己失去了什么，他在乎的只是自己还有什么。一个拥有坚定信念的人，他的人生就是最富足的。

不要去管眼前的迷雾，你只须记住脚下的路，不要去看远方的岔路口，你只要记住心中的方向。人生充满了迷茫，这一切都是混淆视听的干扰，你只要记住自己一无所有，只要记住目标是前方，鼓起勇气，一往无前，最终你就会通过自己的拼搏赢得胜利，成为真正的勇者。

人生的道路上，不要畏惧挑战，也不须害怕失败。那没有退路的悬崖，往往正是能够将我们"逼"至巅峰的通道。那些所谓的一无所有，所谓的迷茫，其实都是自己产生的一种悲观失望的情绪在作祟。在挫折面前，是选择自暴自弃，悲观消极；还是继续奋斗，最终成就大业，主动权实际上一直都掌握在我们自己手中。

成功的道路除了鲜花盛放外，也少不了荆棘丛生。若畏惧荆棘，便永远无法收获鲜花。只有逼迫自己踏过去、迎上去，自己不断向前，才有可能收获胜利的果实，抵达成功的殿堂。

机会面前不看运气，只比强弱

哈佛大学的校训是："时刻准备着，当机会来临时，你就成功了。"

在现实生活中，我们常常能听到身边有人这样感叹："好好的一个机会就这样白白地错过了。"当听到这种感叹的时候，人们无不感到惋惜。机会何其珍贵！有时我们等待的不过是临门一脚，然而机会稍纵即逝，一闪而过，没有那点儿运气就只能悔恨叹息了。

可是，没有把握住机会的你，缺的真的只是那点运气吗？不，当然不，机会面前，真正比的不是运气，而是强弱。如果总想着等待机会，却忘了在等待的过程中做准备，那么当机会来临的时候就可能打你一个措手不及，整体的步调都乱了，又何谈成功呢？要知道，大部分时候，你之所以把握不住机会，是因为你不曾准备，不够强罢了。

人生最遗憾之事莫过如此，眼见机会来临，却因为没有做好充足的准备而与之失之交臂。试想一下，当你眼看着东风已到，可是很多该做的准备却没有做完，只能看着机会白白溜走时，是一种怎样遗憾而挫败的心情？以往那些稍纵即逝的机会，就像慢镜头一样在眼前悄然掠过，而你却无力抓住，这是多么令人懊悔至极的事情啊！

机会只会留给那些有准备的人，只会留给那些有能力的人。若你既没有强大的能力，也不曾有充足的准备，又凭什么去抓住机遇呢？对于那些懒惰者来说，再好的机遇，也不会降临到他们的头上，他们总是和机会擦肩而过；再大的机会，也只能让他们感到无奈和无所适从，因为他们没有能力去把握机会。只有那些坚持不懈的努力者，总是兢兢业业、精益求精地工作，他们的运气迟早会到来，他们的事业迟早会成功的。

　　人不可能总会碰见撞死在木桩上的兔子，想要成功，你就得时时刻刻地逼迫着自己，让自己处于时刻的准备之中，绷紧心里那根弦。纵观那些成功人士，你或许要感叹他们的幸运，机会到时一把抓住，然后就跃上了人生的巅峰，但事实上，在这个机会到来之前，他们早就已经积蓄了足够的力量，只等待着最后的临门一脚。

　　继苏联和美国之后，中国是第三个成功实现载人航天的国家。古老的国家实现了航天的梦想，这是一件划时代的大事，而有机会成为中国第一个踏进太空的航天员杨利伟，也成了国家的英雄。

　　航天员的选拔是非常严格的，每一个都是从成百上千的战斗机飞行员中精挑细选出来的。杨利伟本身就是空军的一名优秀的歼击机飞行员。1996年的初夏，他接到通知，参加航天员初选体检。没想到飞翔蓝天的梦想会飞得那样遥远，飞向了遥远的太空。杨利伟特别希望能走进航天员这支队伍。

　　为了加入这支队伍，杨利伟经过的选拔近乎"苛刻"。航天生理功能检查，被人们形象地称为"特检"。几个月下来，886名初选入围者已所剩无几。在"神舟"五号飞船发射准备阶段，经专家组不记名投票，杨利伟以其优秀的训练成绩和综合素质，被选入"3人首飞梯队"，并被确定为首席人选。

　　从那时起，杨利伟全身心地投入了"强化训练"。"飞船模拟器"成了杨利伟的"家"。后来在记者采访他时，他很自信地说："现在我一闭上眼睛，座舱里所有仪表、电门的位置都能想得清清楚楚；操作时要求看的操作手册，我都能背诵下来，如果遇到特殊情况，我不看手册，也完全能处理好。"

　　正因为杨利伟对飞船飞行程序和操作程序烂熟于心，在后来21小时23分钟的航天过程中，他的全部操作没有出现一次失误。

　　促使一个人走向成功的，除了他的个性及个人能力，更重要的是每时每刻都准备抓住机会。杨利伟抓住了这次千载难逢的机会，经过艰苦的训练和严格的考验，他终于从自己的岗位上脱颖而出，成为中国航天第一人。

对于机会的把握，一方面要学会厚积薄发，在机会来临之前，坚守着自己的信念，为实现目标踏踏实实地努力，不断充实自己、完善自己，做好充分的准备，随时迎接机会的到来；另一方面，机会的把握还需要一定的魄力和耐心，大的机会往往不是一朝一夕就能实现的，没有真正的雄心壮志和持之以恒的精神，再大再好的机会也会半途而废。

第二次工业革命是人类进步的一次转折点，很多新科学、新技术层出不穷，人们需要越来越多的能源提供动力。而当时有一种新兴能源——石油，还没有引起人们的足够重视。

这时候谁能发现机会并把握机会，就能成为那个时代的幸运儿。约翰·洛克菲勒以他超常的洞察力，发现了这个不可多得的机会，并相信如果马上行动，将来一定会大有可为的。

洛克菲勒立即找到一个合伙人，塞缪尔·安德鲁，曾经是洛克菲勒的同事。这个人是一个维修工，他非常聪明，而且技术水平非常高，他发明了一种新型炼油加工方法，用这种方法可以炼制出优质的石油，并且成本控制得比较低。

生意做得越来越好，由于他们生产的石油质优价廉，在市场上非常具有竞争力，没用多长时间，洛克菲勒就淘到了第一桶金。此时的洛克菲勒已经打开了通往成功与财富的大门，他正满怀信心地向目标前进。就在这时，他的合作者塞缪尔·安德鲁已经满足于目前的一点点成绩，逐渐失去了开拓的雄心，从心底滋生出来的惰性使他不想进一步改进石油的冶炼工艺，他变得懒惰、贪图享乐，终于有一天，他向洛克菲勒表示，希望终止合作关系。

作为给合伙人的补偿，洛克菲勒毫不犹豫地给了他100万美元。合伙人走了，拿着钱去奢侈度日，不思进取地挥霍了。而洛克菲勒立即找到了一位新的合伙人，他们很快就将石油冶炼工艺升级换代，逐渐把一个小小的冶炼厂，打造成一个世界级的超级公司——美孚石油公司。

同样的机会摆在洛克菲勒和第一个合伙人的面前，他们都有可能在那样一个伟大的时代做出一番伟大的事业来，如此看来，机会对每个人都是公平的。然而对于同样的机会，他们二人的理解却完全不同，付诸实施的行动也不尽相同，因此，合伙人错过了机会，洛克菲勒抓住了机会，如此看来，机会好像又是不公平的。

麦克阿瑟将军说过："召集军队上战场的军号声对于军人来说，就是一种机会。但是，这嘹亮的军号声，绝不会使军人勇敢起来，也不会帮助他们赢得战争，机会还得靠他们自己来把握。"

我们每天脚踏实地地工作，从每一次进步中总结经验，从每一次失败中总结教训，为的就是实现人生的理想，实现终极目标。一旦机会出现了，那么以往的积累也就有了用武之地，抓住机会就是我们唯一的选择。

当我们积累的经验达到一定程度的时候，机会往往会不请自来，这时候把握机会就是一件顺理成章的事情，就算机会没有及时赶到，那么凭借我们积累到的那些智慧，也足以支撑我们去寻找机会、把握机会，实现自己的终极目标。

所以，不要一味地抱怨机会不光顾，或者来得不是时候，多充实一下自己，你才能从一无所有的状态中脱离出来。要知道，机会是留给那些有准备的人的。人生路那么长，时间却那么短暂，你没有时间去安逸、去停滞，唯一能做的，就是踏踏实实地走好每一步，积蓄力量，等待下次机会的光顾。

要么狠，要么滚！连自己都控制不了，何谈成功

这个世界上，最无力的反击就是抱怨。可偏偏在我们的生活中，总有那么些人嘴上挂满抱怨，身体被安逸捆绑，却从来不曾逼迫自己做任何改变。

在工作中，抱怨公司不把自己当个人才，可自己却又拿不出任何技能，让自己变成不可或缺的存在；在生活中，抱怨社会环境实在太差，可自己却从来不做任何改变，也不曾为改变社会出半分力气；在家庭生活里，抱怨对方不够体谅自己，让自己过得很累，可自己却从来不会检讨，懂得什么叫换位思考……一声声的抱怨，毁掉了自己的快乐，也毁掉了身边的一切美好。

其实，你可曾真正地想过，那些让你怨声载道的日子，那些让你痛苦不堪的现状，那些让你不甚满意的生活，究竟是谁造成的？工作表现不佳，真的是公司的错吗？社会环境不好，难道不是每个人，包括你自己都该承担的责任吗？家庭生活不和谐，就完全是因为对方的关系吗？拜托，你的生活，真正能插手的，只是你自己而已。若不满意，要么狠一点儿，要么赶紧滚。若是连自己都控制不了，又有什么资格来谈成功呢！

每个人一生中都有一个敌人。是的，敌人——让人一听就心生警惕的词语。这个敌人究竟是谁呢？是工作上的竞争对手？是生活中的情敌？不，当然不是，其实，我们最大的敌人并不是别人，而是自己。

拿破仑就曾说过："我最大的敌人就是我自己。"人生中一切的不幸，一切的不满，究其根源，其实都在于自己。作为人生的唯一主角，很多时候，我们的烦躁，我们的郁闷，我们的焦虑不安，实际上

都源于自己对生活的掌控，以及期望与现实之间的遥远差距。想要弥补这一切，我们唯一可以做的，就是逼迫自己变得更强大，逼迫自己变得更优秀，让自己真正成为生活的主人。

你想要获得多少，就得要先付出多少。不逼迫自己爬得更高，又哪有机会站在山顶俯瞰世界？不逼迫自己一直进步，又凭什么赢得他人的尊重与仰望？

王亮是一所名牌大学的高才生。大学毕业后，他应聘进入一家外资企业，与他同时进公司的同事，硬件条件都没有他好，要么学历低，要么专业技能不强。对比之后，他觉得自己是公司的绩优股，可以在此大展拳脚。

抱有这种想法的王亮，每当领导让他做最基础的工作时，他就觉得自己被大材小用了。一次，主管让他做一份合同，他满心不情愿地去做。结果，他将进货价500元写成了50元。幸亏主管及时发现了这个错误，否则公司将会损失一大笔钱。事后，主管批评他，他不以为然地说：“我又不是秘书，不擅长做这种事情。如果让我做技术含量高的事情，肯定不会出错。”

王亮的态度让主管很不满意，直接将其打入“冷宫”。即便是复印文件的小事，主管也不让他做。没过多久，名牌大学的高才生王亮就辞职了，而和他同时进公司的同事，有的升职，有的加薪。

故事中的王亮在职场上受挫，敌人不是别人，而是他自己。他将自己摆在了一个非常重要的位置，认为自己是公司的天才，觉得公司应该将最重要的工作交给他，而不是做那些琐碎的小事。可偏偏，他又拿不出真的足以傲视群雄的实力和成绩，正是因为这种心态，让他最终出局，失去了证明自己，走向成功的机会。

自信不是错，但脱离实际的自视甚高就很有问题了。你希望别人重视你，就必须先把自己逼到一个足以让所有人都抬头仰望的高度。若不能站在巅峰，又凭什么责怪别人看不到你身上的光环呢？

在这个世界上，人最难放下的，往往不是名和利，而是"我"这个东西。我们总是习惯把自己看得很高、很重，但实际上，我们却根本到不了那个高度。而那些真正伟大的人，却正是最谦逊的人，因为他们懂得放下自我，跳出既定的圈子，从另一个角度看待事物。

萧伯纳是英国著名的剧作家。有一天，他在公园散步，看到一个很漂亮的小姑娘。小姑娘穿着粉色的连衣裙，扎着两条辫子，非常招人喜欢。萧伯纳很开心地和小姑娘一起玩了很长时间。

分别时，萧伯纳对小姑娘说："谢谢你，我今天玩得很开心。回家后，你别忘了告诉你妈妈，说你今天和著名的作家萧伯纳一起玩耍，他很开心。"小姑娘沉默片刻，说道："我也很开心。回家之后，您也要告诉您妈妈，说您今天和一个普通的小姑娘一起玩，她很高兴。"

萧伯纳一时语塞，他一直觉得自己远近闻名，无人不知，谁能认识自己是一种荣耀。但是，小姑娘只把他当成一个普通的玩伴。

事后，萧伯纳将这件事讲给朋友听，并且深有感触地说："一个人不论取得多大的成就，都不能骄傲自夸，对任何人，都应该平等相待，永远谦虚。"

保持一颗谦逊的心，学会放下"我"，我们才能看清自己的位置，避免沉溺于虚假的成功与安逸。也唯有如此，我们才能一直保有进步的空间与机会，从而学会将自己的心归零。要知道，只有位置放得越低，我们向上发展的空间才能越大，也才不会因为一时的挫折与失意而怨声载道。

请记住，无论何时，真正掌控生活与命运的人，都只是你自己。与其责怪别人，倒不如对自己狠一点儿，把自己逼得更强大一点儿。只有控制住了自己，才有资格谈成功！

你必须对自己狠一点儿，因为时间不会一直等你

人生是等待的过程，但又不是只有等待。很多时候，我们总是把今天的事情拖到明天再做，总以为明天才是自己起航的始发点，对明天充满期待，而对眼前的今天视而不见。但是，到了明天，又会把事情拖到下一个"明天"，却不知"明日复明日，明日何其多"？

人应该活在当下，把握不住今天，不管你的昨天多么辉煌，也不管你的明天会有多宏伟，对现在的你来说，都是不现实的。正如惠特曼所说："我现在这一分钟是经过了过去无数亿万分钟才出现的，世上再没有比这一分钟和现在更好。"

曾看过这样一首诗：

昨天已经成为过去，请不要为之叹息；

明天还只是个未来，你不必有太多的忧虑；

只有今天，才是你真正的拥有；

抓住今天，你的梦才能实现；

昨天是成功的阶梯，明天是奋斗的继续。

有一个名叫里德的小伙子，长得阳光帅气，却一无所成、一无所有，生活得很是无聊。有一天，他去自己的大学老师那里诉说苦闷，希望老师能给他的未来指一条明路。

老师问他："你到底怎么了？"

里德说："我都快三十岁了，却还一无所有，老师，你说我该怎么办呢？你能给我指个方向吗？我现在连自己的人生价值都找不到。"听了里德的话后，他的老师笑着摇了摇头说："你觉得你一无所有，但我感觉你和别人一样富有，因为你拥有的时间和别人一样多。"

里德苦涩地说："那又能怎么样呢？它们既不能当荣誉，也不能当金钱换顿饱饭。"

老师打断了他的话，问道："难道你不认为它们很重要吗？如果有人给你1万美元，让你马上变为40岁，你愿意吗？"

"当然不愿意。"

"那么如果有人愿意出100万美元要你马上变成80岁的老翁，你愿意吗？"

"傻子才会答应这样的事。"

老师笑着说："看到了吧，其实，你很富有，因为你有足够多的时间，时间就是你的财富。"

老师觉得里德似乎还不怎么理解自己的话，于是接着说："你可以去问一个刚刚延误飞机的游客，一分钟值多少钱；你再去问一个刚刚死里逃生的人，一秒钟值多少钱；最后，你去问一个刚刚与金牌失之交臂的运动员，一毫秒值多少钱。"

听了老师的话，里德羞愧地低下了头。老师继续说："只要你明白了时间的珍贵，并珍惜它，专注于自己想做的事，那么你就会成为一个真正的富人。"

里德带着老师的教导离开了，他开始思考自己下一步该怎样做。他先找到了一份做设计的工作。两年后，他创立了自己的工作室。就在他35岁那一年，他拥有了自己的广告公司。

人都是逼出来的，你不逼迫自己争分夺秒地去做，只站在原地等待，成功又怎么会送上门来呢？很多时候，我们之所以活得庸庸碌碌，并非是缺乏才能与机会，而是习惯了安逸，习惯了等待，把自己的生命都在浪费中度过了。幸运的是，不管昨天浪费了多少时间，今天的我们还不曾走到尽头，依旧还有扭转的机会。

所以，就从今天开始逼迫自己吧，比起抱怨过去的虚度，坐待明天的到来，不如奋起努力，把握今天。昨天已经成为过去，后悔也无济于事，而明天的问题无法预知，也无法解决，我们能把握住的也只有今天而已。今天就在眼前，珍惜今天，不仅可以弥补昨天的不足和遗憾，更能为迎接明天的朝阳做好准备。

在纽约街区的一个屋檐下，有三个乞丐正在聊天。

一个乞丐说："如果不是去年股票暴跌，我早都成为千万富翁了。"另一个乞丐说："那是多久以前的事啦，还提呢，看着吧，我明天去对面那条街上的垃圾桶看看，说不定那里面就有张百万美元的支票，哈哈。"第三个乞丐没有言语，他觉得现在最要紧的是如何填饱肚子，而不是说着一些对自己没有意义的话，于是去别处寻找食物。而谈话的两个乞丐聊累了，开始睡觉。也许在梦中，他们正在回忆着自己辉煌的过去和构想美好的未来呢。

第二天早上，当人们起来时，两个乞丐已经没气了，而那个寻食的乞丐，正吃得香呢。

追忆、幻想都不如行动来得实在，你在想没有实际意义的事情时，你在悲天悯人而不付诸行动时，都是在浪费自己的时间。时间是生命的堆积，过去了一天就等于消逝了一天的生命，如此宝贵的时间，为什么还要用来哀叹，用来荒废、虚度呢？

你为逝去的昨天感到伤感，为即将到来的明天感到恐慌，因为你听见了时间流逝的声音，听见了生命逝去的声音，可所有人都是如此，你又有什么办法呢？还不如实际一点儿，抓紧今天，不荒废今天，从现在开始努力。

上帝每天给予任何人的时间都是24小时，如果你勤奋，并珍惜它，那你的生命之树就会结出串串果实；如果你是懒惰的，那你最后只能带着一头白发，两手空空地哀叹曾有的岁月。

随着时光的流逝，一切都会改变，如果任其荒废，即使搭上整个生命，也是耗不起的。所以，不要再为走过的昨天扼腕叹息，也不要为还未到来的明天满怀豪情。把握好今天，做好当下的一切，让今天过得充实而有意义，你的生命就有了光彩，就有了无与伦比的价值。

别再浪费时间了，安逸是懒惰的摇篮，懒惰却是失败最好的伙伴。若不想一生庸庸碌碌，你就别再犹豫，睁开沉睡的双眼，张开懒惰的双手，从安逸的摇篮中站起身来。只有对自己狠一点儿，我们才能离梦想近一点儿；只有逼自己勤奋一点儿，我们才能让人生走得更高远。

习惯了安逸，再也不想努力

美国汽车大王福特说过这样一句话："一个人如果自以为有了许多成就而止步不前，那么他的失败就在眼前了。许多人一开始奋斗得十分起劲，但前途稍露光明后，便自鸣得意起来，于是失败立刻接踵而来。"

诚然，有了一些成绩，我们都会不可避免地产生得意心理，但是，如果让得意常驻心间，就会慢慢腐蚀我们的心灵。时间一长，各种副作用就会接踵而来，让我们沉溺于辉煌，习惯于安逸，然后再也不想努力，直至被社会所淘汰。

人生是一步步走出来的，这一步的失意不代表下一步的失败，同样地，这一步的得意也不能代表下一步的辉煌。然而总有一些人，喜欢把过去每一步的辉煌总放在嘴边，就好像成功了一次，人生便足以圆满一般。但其实，让我们为之得意的成就只能代表过去，而不是时时拿来炫耀的资本。

"苹果之父"史蒂夫·乔布斯曾说过一句话："虚怀若谷，求知若渴。"得意之时，我们要淡定从容，并主动放下自己的辉煌。这样，我们才能够更清晰地认识自我，也才能更客观地看到自己的优点和不足，从而逼迫自己不断进取，再创辉煌。心灵的空间须要时时打扫，空出来，才能装入更多的成功。反之，则会沉浸在安逸与得意之中，永远迈不出人生的下一步。

大宇集团曾是韩国最著名的企业。当年，大宇集团总裁金宇中拿着4美元创业，在短短的10年里，创造了超过700多亿美元的总资产。其公司在世界跨国企业中排名第115名。可是如今，昔日辉煌的大宇集团已经不复存在，旗下的分公司纷纷倒闭，集团也因为资不抵债宣布倒闭。

俗话说："瘦死的骆驼比马大。"像大宇这么大的集团，怎么说倒闭就倒闭了呢？前后差距为什么如此之大？究竟是什么原因导致这样的结果？

其实，如果了解大宇集团的发展就会发现，大宇的倾颓是有迹可循的。作为大宇集团的总裁，金宇中在成功之后，变得越来越骄傲自满，独断专行，做事从来不考虑周全。正是因为他的任性妄为，使得大宇一直安于现状，不进反退，最终被市场所淘汰。

比如在发展新公司的时候，为了"一鸣惊人"，金宇中根本不顾大局，大力地消耗人力、物力，盲目地扩张分公司。那时候，大宇旗下的分公司达到了600家之多，这样的结果直接导致企业出现资金周转困难等一系列的问题，最后到了不可收拾的地步。

在商业竞争中，类似大宇集团这样的案例多得数不胜数，比如国内有一些曾经风靡一时的知名企业，它们的领导人一度被传为商业界的神话。但是，好景都不长，直到销声匿迹，再也寻不到他们的踪迹。他们有一个共同点，就是沉醉于过去的辉煌，看不清眼前的形势，在竞争激烈的当下却停滞不前，安于现状，结果将自己一步步推向了深渊。

一位商界名人说过："当别人都把你当作英雄的时候，你千万不能把自己当作英雄。"是的，因为没有人会一辈子是英雄，最辉煌最安逸的时候，往往也正是最危险的时候。倘若被眼前的光辉所蒙蔽，自认为自己的能力不错，没有任何困难能够阻挡得住你，那么最终现实一定会狠狠给你一个耳光，告诉你你的想法是错误的。

所以，如果你现在正在享受着成功的喜悦，在安逸的环境中松懈下来，那么请赶快收起骄傲，从沉醉中清醒，狠狠给自己"一耳光"，只有对自己狠一点儿，你才能紧紧抓住梦想的尾巴，搭乘上通往成功的班车。要知道，很多人都曾有过与你相同的境遇，当他们耽于享乐之后，便很难再取得像之前那样辉煌的成就了。

人生最重要的，不是我们现在在什么地方，拥有什么样的条件，而是我们正在朝着什么方向迈进，在付出什么样的努力！其实每个人的成功都是可以延续下去的，只要能够清除那些傲慢、得意的病菌，在安逸时不忘记逼自己一把，就仍然可以让成就和荣耀延续下去。

餐桌上，一个父亲和朋友们谈兴正浓。父亲突然自豪地对众人说："我只有一个女儿，但我的女儿可了不起了。"说罢，转头又对自己的女儿说："去把你的证书拿来，给叔叔们看看。"

女儿三步并作两步跑回书房，拿起那一摞"整装待命"的证书，拿出去交给自己的父亲。父亲接过证书之后，就一一打开并对众人解说："这个是三好学生的证书，这个是钢琴九级的证书，这个是……"

介绍完了之后，女儿就像明星被隆重推出一样，听众们都啧啧称赞，有的对女孩儿报以赞赏的笑容，有的竖起大拇指说："真行！这孩子真不错！""比我们家那孩子强多了！""这孩子这么聪明，肯定像她父亲。"溢美之词让小女孩有些害羞，但更多的是骄傲。

但是当证书传到一个旁观者的手里时，这个人并没有像其他人一样开口赞扬，而是若有所思地说："这是你以前得的吧？"声音很平静。

"是的。"小女孩回答。

"那现在的呢？"此人语调仍很平静。

"现在的？"小女孩一愣，想了想说，"没有。"

"小姑娘，过去的都已经过去了，一定要把握现在呀！"这人感慨地说。

小女孩和她父亲听了这一番话，觉得非常惭愧。

成功是值得开心、值得回味的，但人总要向前看，不能一直停留在过去。时光不等人，不管你是通过怎样的拼搏才有了今天这样骄人的成绩，若是你不懂得巩固自己的成就，不懂得向着更高的地方努力，那么最终你将会失去一切，你的成功也不过是镜花水月，只能供你回忆罢了。

一个人如果总是沉浸在过去的得意之中缅怀，就不能发现自我、挑战自我和超越自我。其实，我们每个人都有属于自己的一份精彩，但在人生的路上前行，难免会碰到一些令自己痛苦的、迷茫的、彷徨的事情，如果你不能超越，只想投身于过去的辉煌中寻找慰藉，就会迷失方向。不如把它们当成对自我的一种挑战，战胜了这些，你就开辟了人生的新篇章。

"人外有人，天外有天。"曾经的胜利，曾经的辉煌，就让它留在心底，闲来无事，偶尔拿出来安慰一下自己，没有什么不可以的，但万不可把它当成永远的荣耀，故步自封。大文豪王尔德曾说："人们把自己想得太伟大时，正足以显示其本身的渺小。"一个真正的智者，是不愿靠吃老本生存的，更不会原地踏步，而是力求百尺竿头，更进一步。

生活容不下投机，你只能每天都逼自己狠一点儿

人生当中有时须要等待，但并不是天天都在等待。每天等待着明天的到来，这样的日子便是荒废、虚度。当没有明天可过的时候，才发现回忆是那么空淡。成功靠积累，人生也须要积累，在获得幸福、达成目标之前，每一天都可以看作一种积累。你得逼着自己不断地努力，才能将积累变得越来越丰厚，让未来拥有更多崛起的资本。

在一个寺院里，有一个老和尚和一个小和尚。寺庙院子中有一棵参天大树，秋天到了，这棵树每天都会落下一些枯叶。这时小和尚就有了一个工作——每天清扫院里的叶子。

为了使白天来寺庙上香的人不会看到一片破败景象，小和尚每天都要起早做这件事情。秋风瑟瑟，大早上清扫落叶实在是一件苦差事，尤其寒风一刮，扫好的叶子就会四散飞扬，弄得到处都是。

小和尚每天都要花费大把的时间扫落叶，为了轻松一点儿，他每天都在想各种办法。

一天，他终于想到了一个不错的法子。第二天一早，他就按照自己的办法实施了。在扫地之前，他使劲摇晃大树，希望将所有容易脱落的叶子都摇下来，这样只清扫一次就可以一劳永逸了。这天，他干得比平常更久，也耗费了更多的体力，不过也比平日里更起劲，只要想到明天可以不用扫落叶了，小和尚就像有用不完的力气一样。

可是让人想不到的是，这天晚上刮了一场大风，第二天小和尚到院子里一看，满地的落叶……

人生中有很多事情都是不可能做到一劳永逸的，就像扫树叶，无论你今天怎么用力摇树，明天的落叶还是会飘下来，想要让地面干净，你就只能每天都逼迫着自己去打扫，去收拾。生活就是这样，容

不下任何的投机取巧，唯有认真活好每一天，才是人生最真实的态度。明天如果有烦恼，你今天也是无法解决的，每一天都有每一天的人生功课要做，容不得我们松懈一天。

虽说每个人都希望人生一帆风顺，但没有困难的衬托，幸福也不会显得那么强烈。生活最精彩之处就在于，没有任何人知道第二天会发生些什么事。明天等待我们的，可能是温暖的阳光，也可能是狂风暴雨，不管我们今天如何铺垫，明天该来的还是会来，该落下的落叶也依然会落下，我们唯一能做的，就是时刻准备好，去迎接一切未知的挑战。

生活容不下投机，今天想要解决明天的烦恼是不现实的，与其为了未知伤脑筋，还不如好好度过今天，把握当下，也不枉费时间对我们的厚待。至于明天会发生些什么，那是未来的事情，现在的你没必要去探究。运气是上天安排的，我们唯一能做的，就是每天都逼自己狠一点儿，按照自己的步调把每一天都过得更好一点儿。

庄子有过一段困苦的日子，最困难的时候甚至没米下锅。一天，他实在是饿坏了，便到专门管水利的监河侯那里去借米。监河侯当时正忙着收租，听了庄子的请求后，他这样说："我现在正在收租，你等我把所有的租金收齐，就借你300两金子。"

庄子听后笑了笑，给监河侯讲了一个故事："昨天，我经过这条路的时候，突然听到有人叫我的名字。四下寻找半天，才在一个车轮压出的车辙印里找到源头，是一条小鲫鱼。它请求我给它一些水，有了水它就能活命。我说这不是问题，只是我现在身上没有水，所以要先到吴越去，向越王请求开通西江，将水引到这条路上来，这样它就能回到大海了。听我这样说后，小鲫鱼告诉我，如果我这样做了，那么等水调来后，我去卖鱼干的铺子说不定还能找到它。"

故事讲完，庄子就离开了。

活在当下才是最重要的，人的精力是有限的，你没有那么多的精力去计划好未来的每一天，因为未来谁也不知道是什么走向。你所要做的就是认真过好今天，努力过好眼前的日子，一天过去后有充实感，不会后悔，才是完美的。这样的日子累积到一起，才是最充实的人生。

在课堂上，老教授用玻璃杯倒了一杯水，放在讲桌上，问学生："你们觉得我倒这杯水有什么目的呢？"

"想让我们目测一下这杯水的重量。"一个学生试探着回答。

老教授接着问："那你们觉得这杯水有多重呢？"

"大概有20克吧！"

"水很重的，看起来怎么说也得有500克！"

"杯子这么小，装不下那么多水，我看最多也就200克！"

……

学生们讨论得非常激烈，可是最终仍旧没有一个定论。这时，一个学生提议用手端着杯子感受一下，大家都觉得这个主意很好，于是有个学生走上讲台端起了杯子。

老教授看着学生的做法，笑了笑，问道："你确认好了吗？"

"我想我还须要再端一会儿才能确定。"学生认真地回答。

老教授没有再说什么，可是端了一会儿后这个学生也没能估算出重量来，弄得手臂也发酸、发麻了。老教授让学生放下杯子，回到自己的座位上，然后端起杯子，一饮而尽。

学生们都感到很不可思议，在学生们不解的目光中，老教授说话了："人们为什么要倒水？倒水不过是因为口渴而已。这样简单的事情，却要弄得这样复杂。口渴了就要喝水，什么时候渴了，什么时候端起杯子。一直举着杯子，头脑里却在想着其他的事情，根本的问题是解决不了的。"

其实我们人生中就有这样一个隐形的杯子，我们总是围绕着这个杯子想着各种各样的问题，实际上，我们不过只是需要这样一个容器而已。人生想得太远了才复杂，着眼于今天就不会有那么多的烦恼。

过去的事情已过去了，无从改变，明天的事情还是未知，无从计划。这样我们只须要过好今天，就能听到幸福在敲门。若是为了处处领先于别人而提前做明天的事情，那么最终自己只会付出更多的时间和精力。

生活容不下投机取巧，只有脚踏实地地走好每一步，日复一日地逼迫自己努力，才能把日子过得蒸蒸日上。总看远处的高山，心中难免会有各种顾虑，但只看脚下的路，便能让自己一步一个台阶不断攀高，直到走到人生的巅峰！

每天逼自己前进一步，每天就离梦想更近一步

梦想就悬挂在前方，我们每天逼着自己前进一步，每天自然就能离梦想更近一些。人生是一个追求比昨天更卓越的过程，若想成为优秀的人、卓越的人，就要牢记"只要努力就值得肯定，有一点进步就是胜利"的理念，哪怕是1%的进步，也要肯定自己。坚持下去，不仅能彰显自己积极进取的美德，而且能积累一种超凡的技巧与能力，使自己具有强大的生存力量。

每天逼自己前进一步，听起来好像没有冲天的气魄，没有诱人的硕果，没有轰动的声势，可今天往前跨一步，明天也往前跨一步，持之以恒，坚持不懈，积少成多，其"水滴石穿"的力量却是不能小觑的。

美国颇负盛名，被称为"传奇教练"的篮球教练约翰·伍登，就是坚持以"每天进步一点点"这个执教之道，引导了自己和队员们积极向上的精神面貌，从而实现了从平庸到卓越的完美蜕变。

加州大学洛杉矶分校以年薪120万美金聘请了伍登，他们希望伍登能够通过高明的训练方法，帮助球队提升战绩。但是，伍登来到球队之后，却没有什么独特的训练方法，而是对12个球员这样说道："我的训练方法和上任教练一样，但是我只有一个要求，你们可不可以每天罚篮进步一点点，传球进步一点点，抢断进步一点点，抢篮板进步一点点，远投进步一点点，每个方面都能进步一点点？只要进步一点点，我就会为你们鼓掌。"球员们一听："才1%，太容易了！"

天啊！这是什么训练方法，负责人在心里偷偷捏了一把汗。不过，很快他就改变了自己的态度，他不得不佩服起伍登来。因为在新

赛季的比赛中，加州大学洛杉矶分校球队大败其他球队，取得了夸张的88场连胜，7次蝉联全国总冠军。

有记者采访伍登时，问道："伍登教练，你被大家公认为有史以来最称职的篮球教练之一。请问，你是如何做到的？"

"很简单，"伍登很愉快地回答，"每天我在睡觉以前，都会提起精神告诉自己：我今天的表现非常好，而且明天的表现会更好。这样不断地对自己进行肯定，自然就能越做越好。我想，队员们和我一样。"

"就这么简单吗？"记者有些不敢相信。

伍登坚定地回答："听起来很简单，但是又不简单。要知道，这句话我可是坚持了20年之久！重点和简单与否没关系，关键就在于你有没有持续去做，如果无法持之以恒，就算是长篇大论也没有帮助。"

每天向前跨一步，让伍登带领自己的球队取得了一次次的胜利。同样，面对工作和生活中的种种挑战，我们都无须寄希望于自己能一步登天，而应该牢记"每天进步1%"的理念，每天问问自己："今天，我又学到了什么？""今天有没有进步和提高？""今天哪里可以做得更好？"……坚持踏踏实实地前进，坚持每天都学习，每天都进步，那么日积月累之后的效果将是惊人的。

无论做什么事情都要有一个循序渐进的过程，质变的飞跃离不开量变的累积。成功是一个无比漫长的过程，卓越者之所以成功，平庸者之所以失败，往往不单单取决于个人能力的高低，更在于耐心和坚持。成功者往往坚持每天进步一点点——今天比昨天进步，明天比今天进步。

克林斯曼是德国足球队的主力前锋，他是一直深受广大球迷喜欢的球星之一，被称为"金色轰炸机"。当记者采访他是如何能够保持状态并一直取得成功时，他很感慨地说："我不是天赋异禀的球员，论天赋，我不如马拉多纳；论身体，我不如贝利。不过这些都不重要，因为我有一颗上进的心。每次比赛后，我总会问自己还能踢得更好些吗？或是哪些地方是我的不足？……"

相信一点，你能在现有的基础上做得更好。

没有人能够一步登天，你只能逼着自己一点一点地向前。比起实际行动，决心这个前提也尤为重要。如果没有一颗必胜的决心，那么就很难在以后的日子里坚持下去。

王小莉身材瘦小，貌不惊人，而且只有大专文化水平，却有幸在一家较有名气的外资企业任文员。刚进公司那段日子是最难熬的，老板只把王小莉当成个只会干杂事的小职员，不停地派些零七八碎的事情让她做，从来没有表扬过她。王小莉自知自己学历低、经验少，但她不允许自己的人生这样"惨淡"，于是她除了把工作做得周到细致外，她不断地学习，只要有空就认真翻阅琢磨自己所能见到的各种文件，她坚定地相信："只要我每天多学习一项业务，我就是好样的，有一点进步就是胜利。"王小莉就这样不断地激励自己，一年后她对公司的业务可以说了如指掌，她的自信心也强大起来了，这为她进入通畅的良性工作循环状况做了坚实的准备。

王小莉的自信和专业，让老板刮目相看，不久就提拔她为秘书，负责公司的日常事务。秘书工作需要协调各部门的资源，帮助老板处理很多的问题，还有很多事情要学，这一切都是她之前没有接触过的，怎么办呢？于是，王小莉又报考了职业培训班，风雨无阻，她每天都会鼓励自己："今天我又学到了新知识，我是好样的，我会越来越棒的，我也相信我的职场之路会越走越宽广的。"

事实上，不断进步的过程就是一个不断肯定自我的过程。今天进步一点点，明天也进步一点点，不断地对自己进行肯定，你就能积累一种超凡的技巧与能力，获得强大的内心力量，获得更多的资源和平台，从而进入卓越者的行列。

量的积累若不够，便永远无法达成质的飞跃。成功不是偶然的，需要付出努力与坚持。恰如烧水，99℃的热水和100℃的开水就是不一样。只差1℃也是水没有烧开，这不是因为天气太冷，而是火候未到。你必须坚持跨出那一步，才能获得真正成功。若因贪图安逸而中途放弃，即便已经到了99℃，你也依旧无法成为一壶"开水"，无法拥有真正的成功。

再多的"高瞻远瞩"，也比不上抓住一个最近的目标

这个世界上，总有那么一些人，贪图着安逸的享乐，念叨着"燕雀安知鸿鹄之志"，把壮志未酬的旗帜高高举起，还要感叹几句生不逢时、千里马难遇伯乐。殊不知，他们之所以未能达成理想，恰恰是因为自己明明是"燕雀"，偏偏还要做"鸿鹄"的梦，不屑于眼皮底下可以先做到的事情，却老是眼高手低地觊觎属于他人的辉煌，从而放弃原本就在手边最易获得的些许成绩。

人生就如登山一般，必须抓牢身边的那块石头，借此再一步一步往上爬。这样，我们就可以在遇到行不通的路程时退回来，重新寻找更合适的位置，抓牢着力点再继续前进。

在登山的过程中，看着远处的山峰是必需的，但我们也要确保那是可以到达的地方，在那之前，我们更应该着眼于最近的目标。从达成离我们最近的目标开始，实际上就是一个把烦琐的事情简单化的过程。也只有这样，我们才有可能顺着人生陡峭的崖壁攀上高峰。

远处的风景是梦想，近处的风景是理想，相比于那些虚无缥缈的东西，我们更应该逼迫自己抓住眼前的一切。要知道，再多的"高瞻远瞩"，都比不上做好一件力所能及的事更有价值。这不仅是一种简单有效的选择，更能让我们的付出体现出效率的价值。

从前，有一个蜗居在山脚下的小村落被一场罕见的洪水袭击得惨不忍睹。房屋几乎被冲为平地，许多人的生命也被无情的洪水夺去了。其中，有一个幸福的三口之家也是这场灾难的受害者。在洪水中，丈夫第一时间把手伸向了自己的妻子，而他们8岁的儿子却被洪魔无情地带走了。

起初，村里很多人对这个不幸的家庭都表示深切的同情，都纷纷

前来安慰这对年轻的夫妇。但事情似乎渐渐发生了变化。有些人开始对那个男人的选择产生了疑问。在突如其来的洪水面前，丈夫选择先去挽救妻子的生命，而放弃了他们的儿子。"即使两人感情再好，难道孩子在灾难来临的时候就应该成为被舍弃的对象吗？"围绕这一话题展开的争论，一时间充斥在山村里的每一个角落。

一个报社的记者路过此地，听说了这个故事后，顿时觉得这是一个很好的选题。如果只能救活一个人，究竟是该救妻子还是救孩子？爱人和孩子哪一个更重要？于是，他深入村中找到了那个男人。

"眼看着洪水冲过来的时候，根本来不及让我有任何过多的想法，妻子就在我身边，我们都不想失去对方，于是我就抓住她拼命地往山坡游。而当我返回去的时候，儿子就已经不见了。"男人又一次哽咽。

这时记者明白了，不是父亲不想救儿子，也并非丈夫眼里只有妻子，而是在当时的情况下，他只有能力去抓住妻子。记者最后安慰男人说："请不要过于悲伤，毕竟你从洪水中还救回了你的妻子。"

有时选择不会给我们太多的时间，这种时候我们要依靠本能，选择一定能够成功的选项，这样才有可能体现效率的价值。这个男人的选择是正确的，至少，救活一个比失去两个要好。面对洪水，他不存在选择，他是一个深爱着妻子的丈夫，同时也是视儿子为至宝的父亲，二者同样重要。只是，在还没来得及让他有时间考虑的时候，他已经本能地伸出手去紧紧抓住离自己最近的妻子。这是最为现实和明智的，同时也是最为有效的。如果他放弃妻子去救孩子，可能最后失去的就是两个人。

人生理应有远大的理想，但理想永远不能脱离现实，要着眼实际去选择。奢望着不切实际的目标，对我们而言是没有任何意义的。只有把握好最近的目标，付出才能体现出它相应的价值。

成功是一步步积累出来的，你若是只知不切实际地幻想，不知道为此付出努力，那么最终你仍旧一无所有。选择眼前能够帮你接近目标的事情努力，最终你会发现，自己的理想会像阳光一样照进现实。

目标有远近，工作有繁简。我们可以梦想着成为比尔·盖茨，但不可能一夜之间就拥有比尔·盖茨的成功。我们的终极目标可能是李嘉诚，但我们的起点也许只是一个勤杂工。选择没有那么困难，你只需抓住离你最近的那个现实目标，丢掉那些不切实际的理想，从简单开始，便能一步一步走向梦想的彼岸。

一个学企业管理的大学生，在校期间就一直有个梦想：希望将来能拥有自己的公司，自己当老板，成就一番事业。

毕业后，由于资金紧张，他只好和千万名毕业生一样，挤入了求职大军中。他想，凭着自己的能力，即使是打工，也必须找一个高级管理者的职位，从事类似副经理、经理助理的工作。

可是，匮乏的工作经验让这位大学生应聘了很多家招聘副经理职位的公司，却无一例外地被拒之门外。于是，他降低了标准，想找个中层管理干部的职位，如科长、处长之类。只是，因为同样的原因，仍然没有一家成功的。

一晃几个月过去了，看着同学们都已经拿到了第一个月工资的他，为了生存，不得不先找个能吃饭的地方。最后，费了九牛二虎之力才找到一份工作——办公室内勤。做一些分发报纸、端茶倒水、接电话的日常性杂活。

他感到异常失落，当天晚上去了班主任老师家，把这段时间找工作的经历及自己目前的苦恼一股脑儿地全都倾诉了出来。老师听完以后，对他说："你有远大的梦想，这很好。但有些梦想太遥远，是你现在抓不住的。最明智的做法就是，抓住离你最近的梦想，然后一步步向最遥远的梦想走近！"

老师的话给了他很大启发。第二天，他就去那家企业做起了内勤工作。半年以后，因为工作认真，他被调到业务部当了一名业务员。

而后又由于业绩突出，一步步成为业务部经理、主管业务的副经理。就这样，在短短的5年内，这位大学生积累了自主创业的经验和资金，终于开办起了一家自己的公司。

经过艰苦打拼，他的公司终于在市场上站稳了脚跟，成了业内知名企业，而他本人也成为一个资产过千万的成功人士。

梦想有远有近，只有离我们最近的那个梦想才是最现实的。巨商大多是从最底层的工作开始做起的，有的做过卖报童，有的做过小商贩，还有的做过电焊工。但是，他们的一个共性是，不管做什么，都能耐心地将眼下手中的工作做好，在平凡的岗位中取得出色的成绩。

如果一味地好高骛远，盲目地将眼光盯在虚幻的目标上，忽视眼前的工作，只会让人疲于应付，最终一事无成。逼迫自己做力所能及的事情，就是简单而有效的选择。若失去了一切，我们确实可以从头再来，但我们的生命有限，未必有大把的时间重新起跑。

第二章 逼自己，在懈怠的时候

DIERZHANG

——拼命奔跑，全世界都会为你的疯狂让路

人生如逆水行舟，不进则退，没有多余的时间可以让你浪费。你休憩时，别人依旧在向前奔跑，不想被超越，就永远别松懈。

在懈怠的时候，记得逼自己一把，只有拼命地向前奔跑，世界才会为你的疯狂让路，成功才会因你的执着驻足，梦想也才会被你的强大所俘虏。

这世上没有毫无理由的横空出世

当我们把台历上的过期贴纸及时撕掉时，办公桌就会变得干净整洁；当我们把电脑中的过时文件及时清除后，电脑的运行速度就会加快。世上的事情都是如此，你做了才能有所改变。要知道，这世上没有任何毫无理由的横空出世。

我们的生活总有太多的不完美，但很多时候，其实只要我们愿意逼迫自己去做出一些改变，哪怕只是一些微小的、不起眼的小细节，当我们可以在这些小细节上做到尽善尽美的时候，生活也会发生令人惊讶的变化，甚至给我们带来意想不到的惊喜。

放眼这个世界，既有美丽的风景，也有无数的灾难和荒凉。世界可以很美，世界也可以很残酷。重要的是，当我们心中向往着美好时，是否也能在行动上做出些许努力，而不是只在懈怠中等待、抱怨、失望，甚至麻木。一个人的力量虽然有限，但有限的力量汇聚在一起，终有一日能够翻天覆地。

我们能做的事情不多，但我们能改变的东西却也不少，关键是我们愿不愿意付出努力与耐心，战胜懒惰与懈怠，用自己的力量，从细节入手，改变自己，改变世界。

世上没有毫无缘由的横空出世，你想比别人更优秀，你想超越自我获得成功，就得重视每一个小细节，将所有事情都做到尽善尽美。正所谓"失之毫厘，差之千里。"如果不重视细节，那么不管你付出多少努力与热情，也终究难以敲响成功的钟声。流水线上一个环节的小小失误就会导致劣质产品的出现；文案中一个小小数字的失误就可能会导致提案的失败。你若再懈怠下去，只会离梦想越来越远。

"创造辉煌和卓越的并不是天才，而是那些微小的细节；挽救伟大事业的并不是英雄，而是高度的责任心。"东方饭店之所以能够成为一流酒店，那是因为他们不仅提供了良好服务，还注意到了每个细节，把细节变得完美才有可能创造伟大的辉煌。

一位大老板因公到泰国出差，他入住了世界一流的东方饭店。这并不是他第一次入住，几乎每次到泰国出差他都要在这里下榻，因为不论是外部环境还是服务态度，甚至每个细节都让他非常满意。

一天早上，大老板刚刚走出房门，他准备去楼下用餐，当他走到电梯旁时，楼层服务小姐走上前，说："先生，您要下楼用餐吗？"大老板点点头，但是他很惊讶为什么楼层小姐认识自己，但是又一想，也许自己常常在媒体报道中出现，比较好认吧。想到这儿疑问也就打消了，于是快步走进餐厅。

"先生，您早，里面请！"餐厅服务小姐在门口迎接着。怎么会又认识我？大老板不禁愣在那儿。餐厅服务小姐看出了他的错愕，马上询问："先生，有什么需要帮您的吗？"

"你们认识我吗？"大老板问。

"是的，我们这儿有规定，当客人入住时，一定要认清每一位客人。"小姐微笑着回答。

"哦！"大老板不由得在心中赞叹，他继续问，"那你怎么会在电梯口迎接我呢？"

服务小姐微笑着解释说："上面打来电话，说您要下楼用餐了。"

大老板十分惊讶东方饭店办事的高效率和体贴入微的服务。

当服务小姐把大老板引到餐厅后，问："先生是要老位子，还是换个新位子呢？"

"老位子？"大老板奇怪地问，"难道我去年用餐的位子你们还记得吗？"

"是的，我已经查过您的记录，在去年6月8日的时候，您在靠第二个窗口的位子用过早餐。"服务小姐准确地说出了位子，大老板心里激动万分，忙说："那就老位子吧！"说实话，连他自己也不记得去年用早餐的位子。

服务人员很快把早餐端了上来，一份样子很特别的点心摆在了桌子上。大老板好奇地问："中间那个红色的是什么？"

服务小姐看了一眼，然后身子自动向后退了一步为他解释。

"旁边黑色的是什么做成的？"大老板又问。

服务小姐向前看了一眼，又后退一步解释。

大老板心中对东方饭店的服务佩服至极，服务小姐为了防止说话时口水溅到食物中，后退为客人解释，连这种小细节东方饭店都注意到了。

东方饭店给大老板留下的深刻印象，只是一次短暂的泰国之旅就这样令人难忘。5年后的一天，大老板突然收到一张贺卡，里面还有一封简短的信："亲爱的先生，您已经5年没有光顾东方饭店了，我们全体人员非常想念您，希望您再次光临。今天是您的生日，祝您生日愉快。"这时，大老板才想起，原来今天是他的生日，他十分激动地对身边的人说："如果去泰国，一定给我订东方饭店。"

东方饭店的成功不是偶然，更不是运气，而是因为它将每一个细节都做到了尽善尽美，真正让顾客体会到了何谓"宾至如归"。一个饭店要赢得客人的青睐和满意，细节上的功夫很重要；一个公司要想谋求更好的发展，细枝末节胜过一个大的决策；一个人要想取得成就，就要认真对待一点一滴的小事，把"大材小用""不识千里马"的想法全部丢掉，一块一块的砖只有堆砌起来才会形成万里长城。

任何的成功都是有迹可循的。每个庞大的事物都是由无数个小细节组合起来的，忽视细节，失败就会自动出现。要想取得成就并不难，只要具备强烈的责任感，创造完美的细节管理，终有一天必会成功。

逞强很累，但是不强更累

俄国作家契诃夫写过一篇题为《生活是美好的》的文章，其中有这样一段话："要是火柴在你的衣袋里燃烧起来了，那你应当高兴，而且要感谢上苍，多亏你的衣袋不是火药库。要是有穷亲戚到别墅来找你，你不要脸色发白，而要喜洋洋地叫道：'挺好，幸亏来的不是警察！'……"

瞧，换个角度一想，生活其实真的很美好，那些小小的烦恼仿佛忽然间就不值一提了！

或许有人会讲：你这不是在自我安慰，在逞强吗？多累啊！

是啊，逞强很累，但是不逞强，那岂不是更累？当你遇到生活中那些大大小小的烦恼事时，绝望悲哀和愁苦抱怨并不能改变什么，既然如此，为何不换个角度，凡事多往好处想，让心情也随之而改变呢？不幸已经让我们如此倒霉了，若再影响心情，我们的损失岂不是更加惨重，倒不如逼自己逞逞强，收拾好心情，一扫懈怠，继续再战，改变自己的不利处境。

其实，这世上很多事情都是不能单纯以好或坏来定义的，关键还在于你怎么看。常怀有希望，保持乐观的心态，凡事多往好处想，你会发现事情远远没有想象的那么糟糕，表面看似不幸的生活也可以拥有一片艳阳天。

一家有两个儿子，虽是孪生兄弟性情却大相径庭。哥哥对任何事物总是很乐观，弟弟却常常流露出悲观消极的样子。爸爸想中和一下他们的性格，于是把两个儿子分别关进两间屋子。这位爸爸给了小儿子一堆五颜六色的玩具，给了大儿子一堆牛粪。

过了一会儿，爸爸打开小儿子的房门，看到小儿子没有玩那些新颖的玩具，而是泪流满面地坐在地上。爸爸问他原因，小儿子抹着眼泪告诉爸爸："玩具太好了，但是玩就会玩坏，玩坏了怎么办？"

爸爸又去打开大儿子的房门，发现他正在牛粪堆里挖洞，于是问他在做什么，大儿子顾不上擦去脸上的汗水，一边挖一边满怀信心地笑着告诉爸爸："我想知道玩具是不是藏在牛粪里。"

从两兄弟的故事中可以看出，不同的心态决定了我们看待问题的角度，而看问题的角度则决定了我们在面对人生境遇时所体会到的幸福或痛苦。生活中也是这样，我们都希望自己的人生是那个放满了玩具的房间，可是有时候命运偏偏将我们关进只有牛粪的房间。我们不能选择自己人生的境遇，但我们却可以选择看待人生的角度，是守着玩具用泪水来向命运示弱低头，还是即使面对牛粪也依然逞强微笑。

在人生的道路上，每个人的经历和境遇都是不一样的，有幸运的也有不幸的。那些消极的人总是从绝望的角度来看问题，为接下来的失败埋下伏笔；而那些积极的人凡事多从好的角度来看待，积极行动，结果自己的人生绚丽多彩起来，为成功做好了铺垫。

乐观是一种处世态度，更是一种勇气。在阳光明媚的天气中感受温暖不是难事，但在风雨中，就能看出人与人的差别了。悲观的人想的是天气的寒冷，乐观的人会期待风雨过后的彩虹。凡事多往好处想，心自然会豁然开朗，心胸也将变得豁达、宽阔。时常发现和体悟生活中的美好，心中便是一片朗朗晴空。遇到问题时，换个角度看待，许多难题也都能迎刃而解。

小张和小李是大学同学。大学毕业以后，两人应聘到了同一家公司上班，担任同样的职位。这是一份最基层的工作，工资水平不算高，略低于大学应届毕业生的普遍薪资标准。更重要的是，他们的上司是个极其苛刻的人，经常会故意找茬来为难他们。没做多久，小张就开始抱怨：工作太累，工资太低，领导不厚道……他准备要跳槽，问小李愿不愿意走。

小李却觉得：这份工作虽然内容非常枯燥，但是可以学到东西；此外公司规模很大，未来发展的平台很大，让自己发展的空间也很大；虽然目前来说工资确实有点低，但是在这里工作有无限机遇，以后自己学得多了能够担当起更重要的工作时，工资自然会涨的。况且，不管到了哪里，都会遇到为难人的领导，如果仅仅因为这么点小小的困难就退缩，那么以后不管做什么也是很难成功的。

小李将自己的想法告诉了小张，但小张一句都听不进去，还是执意要跳槽。他觉得小李之所以不愿意和他一起跳槽，不过只是在逞强罢了。最终，小张一个人离开了公司。

小张这一走就没有收住脚步，到了哪家公司他都是一样，还没做多久就开始嫌这嫌那，结果两年下来他虽然换了几家公司，但所担任的职位却还是在原地踏步，拿着应届毕业生的工资，做着最初级的工作，没有积累下一点工作经验，每天牢骚满腹。

而小李呢，在咬牙坚持拼搏了几年后，已经成为了这家公司的部门主管。他的"逞强"终究为他赢得了相应的回报。

现实生活中，也许你就是小张，也许你就是小李。面对同样的工作，身处同样的境遇，不愿逞强的小张转身离开，在懈怠中不断地原地踏步，最终荒废了时光；而咬牙逞强的小李，则一直拼命向前，终于拨云见日，改变了自己的境况。

在我们的生活中，不管面对多么糟糕的情况，首先想想，它是不是有好的可能，是不是有向好的方向发展的可能。很多时候，其实只要咬牙坚持下去，事情自然会朝着你想要的那个方向转换。

逞强很累，但不逞强，你只会更累。人生于世，无论到了哪里，都会遇到阴天，遭遇狂风或暴雨。重要的是，你用什么样的心态来看待这一切，敢不敢在雨中也拼命奔跑。若你足够勇敢，那么请相信，全世界都会为你的疯狂让路！

你的时间用在哪里，成就就在哪里

成功的人有时就像偏执狂，他们会向着一个方向用尽全力，不管不顾地往前冲，虽然过程有艰难险阻，但他们从来不曾有过丝毫退缩的想法。唯有一个目标，才能让你把全部的时间与精力投射到那个地方，成就便由此而诞生。可见，一个既定的目标有多么重要，若是没有这个明确的既定目标，你所做的一切努力无异于无用功，走来走去都不过是在原地转圈罢了。

"瞧这儿，"一个农场主对他的儿子杰克说："你这种犁法是不行的，你看看你把田都犁歪了。我告诉你一个窍门，你只要紧紧盯住田地那边的某样东西，然后以它为目标，朝它前进，犁出来的地垄沟自然就直了。你看，大门旁边的那头奶牛正好对着我们，现在把你的犁插在土里，然后对准它，你就能犁出一条笔直的地垄沟了。"

"我懂了，父亲。"

10分钟以后，当农场主再来检查时，他看见犁痕弯弯曲曲地遍布整个田野。

"停！快给我停下！"

"父亲，"杰克说："我绝对是按着您教给我的窍门来做的，我笔直地朝那头奶牛走去，可是那头奶牛却走了。"

这则故事给我们的启示是：如果目标总是在变动，你就不得不在这个目标和那个目标之间疲于奔命，这种行事方法除了招致失败以外，还能带来什么呢？事实的确如此，绝大多数失败者几乎都有过不断更换目标的经历，他们的目标会根据环境的改变不断改变，当环境不利于他的时候，他就会想要换一个方向前进，反正人生还长。但人生给我们的时间是有限的，你不可能有太多的时间去尝试。

如果说，我们眼前的人生是一片荒漠的话，那么目标无疑是我们追寻的一条道路，帮助我们脱离困境的一条生路。虽说每个人都想要逃离荒漠，但并不是每个人都能够成功做到，智者会选择先观察、分析、思考，找出一个方向，然后向着这个方向一直走，最终，这样的人总能找到人生中的繁华。可有些人处于荒漠之中，却毫无方向地四处乱窜，这里找不到，就换一个方向，到最终体力透支，被困在了荒漠之中……

后者显然是悲哀的，但世界上并不乏这样的人。他们想要脱离现状，却又不知从何入手，空有力气，却没有方向，最终四处碰壁，失去了闯荡的热情，也失去了对人生的信心。其实问题很简单，就是这个人没有找到目标，他不知道自己的终点在哪里，只是随波逐流，盲目浪费着自己的精力和时间，这样的人自然难以成功。

李·艾柯卡在美国企业界绝对是一个光彩照人的企业明星，在美国，他的名头可一点都不比比尔·盖茨、沃伦·巴菲特这些举世瞩目的社会精英来得小。李·艾柯卡之所以能够达到这个高度，这跟他在开始奋斗前就有一个非常明确的奋斗目标是分不开的。

艾柯卡大学毕业后进入了福特汽车公司实习，成为福特的一名见习工程师。可是艾柯卡志不在此，他对整天同无生命的机器打交道的工作已感到索然无味。他想去做销售工作，因为他觉得搞技术晋升得实在是太慢了，只有做销售才有可能实现他在35岁前当上福特公司副总裁的宏伟目标。公司经不住艾柯卡的软磨硬泡，终于把他调到了销售部门当了一名推销员。

由于艾柯卡的虚心好学，他很快就懂得了如何说服顾客，如何揣摩顾客的心思等推销员必备的本领。不久，由于业绩突出，他被提拔为宾夕法尼亚州威尔克斯巴勒地区的销售经理。几年后，艾柯卡又被提升为费城地区销售副经理，如果艾柯卡没有执意要改行做销售的话，恐怕到现在他还仍然只是个小小的见习工程师呢。

这时，福特公司推出了他们最新款的56型车，为了扩大销量，艾柯卡推出了"56美元换56型"的销售计划：顾客买一辆1956年型的福特新车，先付20%的钱款，以后每月付56美元，3年付清。艾柯卡创造的这种最新颖的销售方式果然大受当地居民的欢迎，仅仅3个月不到，福特汽车在费城地区的销量竟然奇迹般地从原来的最末一名，一跃成为全美的第一名。

艾柯卡的分期付款销售模式得到了福特公司的高度重视，福特公司把这种分期付款的推销方法在全国各地推广后，公司的年销车量猛增了7.5万辆，艾柯卡也因此名声大振。不久，为了表彰艾柯卡的功绩，福特公司晋升他为整个华盛顿特区的销售经理。

几个月后，年仅32岁的艾柯卡又调到福特公司总部，担任卡车和小汽车两个销售部的部门经理。在总部，除了他为人所熟知的销售才能之外，他又显示出了非凡的管理才能，这使得他深得上司麦克纳马拉的赏识。4年后，麦克纳马拉升任总裁，艾柯卡则接替了自己老上司的副总裁和福特分部总经理的职务，时年36岁。这比艾柯卡在刚刚进入福特公司时给自己立下的"35岁前当上福特公司副总裁"的奋斗目标，仅仅晚了一年。

艾柯卡能在36岁就当上福特公司的副总裁，这并不仅仅得益于他卓越的销售才能和管理才能，更是因为他从进入福特公司伊始，就为自己定下了一个奋斗的目标。虽然这个目标在绝大多数人看来就是天方夜谭，但正是由于这个目标对他的不断指引，才使得艾柯卡坚定地朝着一个方向不停地奋斗，并最终从一个小小的推销员扶摇直上而成为福特公司副总裁。试想一下，如果他没有这样一个终极目标，那么他的人生将会怎样？命运不会给你成功，但会给你成功的机会，若是你连自己想要什么都不知道，那么这些机会对你毫无意义。

青春有限，时间有限，你将时间用在哪里，你的成就便诞生于哪里。别总是三心二意，时间经不起挥霍，只有瞄准一个既定目标，将所有时间都投射到同一点上，才能厚积薄发，让成就在充足的养分中诞生出来。看清自己的心吧，问问自己真正需要的是什么，根据自己的需要制定一个目标，然后向着这个目标前进，总有一天，你会发现，远在天边的终点已经被踩在脚下！

成功最大的敌人，名字叫做"惰性思维"

成功最大的敌人名叫"惰性思维"——如果具体地解释这个名词，它可以被解释为人类思维深处存在的一种保守的力量。拥有惰性思维的人，总是用老眼光看新问题。他们懒得接受新思想，总是喜欢抱着过去不放，用曾经被反复证明有效的旧概念解释变化世界的新现象。

行为上的懒惰，让人错失良机，陷入被动。而思维上的懒惰，则会让我们变得故步自封，冥顽不化。所以，我们不仅要克服行为上的懒惰，更要克服惰性思维。

在生活的旅途中，我们如果总是按照一种既定的模式运行，固然会显得很轻松。但是长此以往地下去，就会衍生出消极厌世、疲沓乏味之感。所以说，惰性思维让生活更加乏味。更为可悲的是，如果不想办法逼迫自己走出这种思维定式，那么等待我们的，将只会是与失败为伍的可悲结局。

一家马戏团突然失火，人们四处逃窜，所幸没有人员伤亡。但令马戏团老板伤心和不解的是：那只值钱的大象却被活活地烧死了。

"这怎么可能呢？拴住大象的仅仅是一条细绳和一根小木桩啊！"老板怎么也想不通。

通常，没有表演节目时，马戏团人员会用一条绳子绑住大象的右后腿，然后拴在一根插在地上的小木桩上。以避免大象逃跑。我们都知道以大象的力量，可用长鼻子卷起大树，拖拉巨大的木材。甚至可以一脚踏死动物。为什么它如今则乖乖地站在那里呢？

原来，当这头小象被捕捉时，马戏团害怕它会逃跑，便以铁链锁住它的腿，然后绑在一棵大树上。每当大象企图离开时，它的腿被铁链勒得疼痛、流血，经过无数次的尝试后，小象未能成功逃脱。于是在它的脑海中形成了一旦有条绳子绑在它的腿上，那就永远无法逃脱的印象。因此，当它长大后，虽然绑在它腿上的只是一条小绳子或一根小木桩，但它却懒得再去思考拴住它的是什么东西。

对于这头大象而言，惰性思维让它懒得挣脱束缚，最后被大火活活烧死。这样可悲的结局我们自然要避免。也许你觉得这样愚蠢的事情不会发生在自己身上，但这个世界瞬息万变，一切都是有可能发生的，你若是不肯改变固有的惰性思维，习惯拖沓，那么你永远都不会选择拼搏，最终的你将会变得一无所有。

如果想要克服惰性思维，就有必要先了解惰性思维的几种表现形式。对于一个人而言，如果身上沾染上了以下三种毛病，就可以断定他陷入了惰性思维的怪圈。

第一个毛病是总在想当然。

我们总是习惯于以"我想应该是这样的"为借口，来作为搪塞我们进一步思索的理由，而懒于进一步地去思考。却也一次次地导致了我们与一个个机会的失之交臂。

其实很多事情，总和我们以为的不一样。就像那只井底之蛙所以为的天只有井口那么大一样，所有的"想当然"不过都是人们主观臆想的产物，感性的东西，而现实终究是客观的。

第二个毛病就是只把精力投入到表面。

透过现象看本质，把对表面的感性认识上升到对本质理解的理性认识。这个道理其实我们大家都懂，然而事实上我们却又总是习惯于被表象所迷惑，甚至一再地重复犯错。

我们有句成语叫"碌碌无为"，忙忙碌碌却无所作为！很多时候很多人，总是一副忙得不可开交的样子，然而一旦让他们细细回想一下，却又会茫然于其忙的意义所在。总把过多的感情与精力投入到了外在的表象，而忽视甚至无视事物本质的东西。

第三个毛病最可怕，那就是不寄予希望。"与其还要跌倒，不如不再爬起。"总有些人如此消极地以为，跌倒而不再爬起。

曾有人做过这样一个实验：将一条鲨鱼和一群热带鱼放在同一个池子里，然后用钢化玻璃隔开。最初，鲨鱼每天都不断冲撞那块透明的玻璃，奈何这只是徒劳，始终无法过到对面去，而实验人员每天都会放一些鲫鱼在池子里，所以鲨鱼也没缺少猎物，只是它仍想到对面去，每天仍是不断地冲撞那块玻璃，它试了每个角落，每次都是用尽全力，但每次也总是弄得伤痕累累，有好几次弄得身体破裂出血，持续了好长一段日子，每当玻璃一出现裂痕，实验人员则马上加上一块更厚的玻璃。

后来，鲨鱼不再冲撞那块玻璃了，对那些斑斓的热带鱼也不再在意，好像它们只是墙上会动的壁画，它开始等着每天固定会出现的鲫鱼，然后用它敏捷的本能进行狩猎，好像又找回了在海里时那不可一世的凶狠霸气。

实验到了最后的阶段，实验人员将玻璃取走，但鲨鱼却没有反应，每天仍是在固定的区域游着，它不但对那些热带鱼视若无睹，甚至于当它的美餐。那些鲫鱼逃到对面去，它也会立刻放弃追逐，说什么也不愿再过去。

很多人就像这条鲨鱼，经过一段时间的努力没有达到预期的目的，便会不再寄予希望，而选择放弃，也不愿意再次进行尝试。这种人多是遭受过巨大的打击，或是长期地被外界否定，对自身的能力产生怀疑，过低地评价了自我，丧失了追求希望的热情，进而变得消极、怠慢。

明天的困难并不可怕，不愿面向明天才是真正的可怕。什么都想拖到以后，却又被未来的险阻所吓倒，那么时间在前进，你却在倒退。

有人说，阻止人们生活前行的不是路上的大石头，而是自己鞋里的小石子，而这颗小石子就是惰性思维。让我们行动起来，搬走心中的那块石头，它没有你想象的那么重。

努力到无能为力，拼搏到感动自己

破茧成蝶可以说是每个人的梦想，没有人愿意一辈子都做毛毛虫，都希望自己有一天能够蜕变。但是，真正能够达成自己心愿的人有几个呢？或许那些不成功的人会说，是机会从来不光顾自己，或者是环境不够合适，自己已经错过了最佳年龄，等等。但实际上，这一切不过是人们逃避的借口而已。他们忘了，蝴蝶的蜕变过程是通过自己的努力，而不是外界的助力。

到了收获玉米的季节。田地里有一株玉米颗粒饱满，它非常自信，认定自己是今年长得最好的玉米，也相信主人会第一个把它摘下。可是，等了好几天，也没有人来到它跟前。

"明天肯定有人把我摘走！"这株玉米依然很自信，它不停地安慰自己。可是，第二天还是没有人注意到它，反倒是一些不如它的玉米被主人摘走了。

"我相信，明天主人一定会把我摘走！"玉米仍然这样鼓励着自己，可是，它对自己说这句话的时候，也有些犹豫。

日子一天天地过去了，眼看着收获的季节就要结束了，主人还是没有把这株很棒的玉米摘走。它身上那些原本饱满的颗粒变得干瘪坚硬，整个身体就像是要炸裂一般，想到自己可能要和玉米秆一起烂在地里，它哭了。

就在玉米伤心欲绝之际，主人摘下了它，并说："这可是今年最好的玉米，我留着它是为了做种子！"

起初，颗粒饱满的玉米对自己充满了信心，认定主人会第一个注意到它。然而，天不遂其所愿，主人迟迟没有将它摘走。漫长的等待让饱满的玉米粒变得干瘪，而它也在一次又一次的失望中伤心欲绝。

然而，就在它暗自神伤的时候，主人却把它摘下来，并宣布要拿它做种子。对于一株玉米而言，成为种子是自我价值的最大体现，因为它的生命可以延续下去。玉米的故事提醒人们，成长，有时是需要耐心等待的。

成功总是太诱人，有些人一直很自信，也曾全身心地投入过，认真地努力过，但他们最终还是没能抵达理想的终点。不是命运不公，也不是天意弄人，他们和成功之间的距离其实只有一步之遥，可惜他们没能在绝望的时候再坚持一下，而鬼使神差地懈怠了下来，选择了放弃。等到真的醒悟了，已经太迟，没有岁月可回头。

有时候，成功的确需要艰辛的努力，但更需要的是不懈的追求和耐心。你得逼自己努力到无能为力，拼搏到感动自己。

苏格拉底是世界著名的哲学家，很多人都相信他掌握着人生的真理，所以许许多多的人都拜他为师，希望能够学到一些经验、知识。

有一次，苏格拉底和自己的弟子们聊天，有个学生问他："老师，人究竟要怎样做才能成功呢？"

苏格拉底想了想，说道："今天回去后，你们做一件事吧，将自己的手前后甩动一百下，接下来的每一天都要这样做，直到我说'停'为止。"接下来的一周里他都没有再说过这件事情。一周后的一天，他问自己的学生们是否还在坚持，他发现，已经有10%的学生放弃了。他没有说什么，只是让剩下的人继续下去。一个月之后，再询问，坚持做的学生只剩下了一半。他还是没有说什么，让剩下的人继续……一年过去后，当苏格拉底再问曾经甩手的学生们，只剩下一个人还在坚持，他就是柏拉图。

苏格拉底被很多人看作智者，认为他无所不能，所以他的手下有很多学生，然而，最终能够和他齐名的学生就只有柏拉图而已。难道这是能力的差异吗？当然不是，能力随着人们的成长是可以不断培养的。通过故事就可以看出，柏拉图之所以能够成长为一个世界级的学者，是因为他有足够的耐心等待自己成长，有足够的毅力坚持不懈地努力、拼搏。

耐心是一种不轻易放弃的"恒心"与"决心"。开始的时候，每个人都能信誓旦旦地保证自己会坚持到最后，但时间最能消磨人的意志，外部环境千变万化，大部分人无法在变化的环境中一如既往地坚持。但若想成功，就必须具备在任何情况下都耐得住寂寞、耐得住痛苦的能力。只有把控自己，才能不管世界如何变迁，一直坚持自己的步伐，最终走向成功。

生活就像谈恋爱，你越热情，它越疯狂

现实生活中，很多人对自己的生活不满意，只是有的人不断逼迫自己向命运挑战，试图改变自己的生活，甚至改变这个世界；而有的人呢，却懈怠地站在一边，不停地感叹自己命不好，让失业、生病、股票大跌等倒霉的阴影如影随形。

公司里遇不见伯乐，所以自己这匹千里马只能困在槽头，于是，感叹自己生不逢时，处境处处不满，得不到施展自己才华的机会；情场上失意，就认为天下真爱难寻，高呼再也不相信爱情，对爱情丧失信心……

对于这种人而言，成功是根本不可能做到的事情，因为在他们眼中，命运早已经注定了，自己只是命运的木偶，不管怎样努力，结果都不会改变。有了这样的想法，生活就不可能有热情，因为在他们眼中一切都是生计需要，日子是"混"出来的。

生活其实和恋爱一样，你越热情，它才越疯狂。相反，如果你对它失去热情，那么它就会疑神疑鬼；如果你用懈怠应付了事，那么它便也只会用敷衍来回报给你。

要知道，随遇而安的淡定固然重要，但积极向上的热情也必不可少。因为不论做什么事，只有心中充满了热情，我们才有可能将自己逼迫出100%的努力，拼尽全力地去赢得美好前程。

在一个明媚的下午，美国作家威莱·菲尔普斯去逛纽约的第五大道，他突然想起自己需要买一双袜子，至于买一双什么样式的袜子，作家倒觉得那是无所谓的事情。他看到第一家袜子店，就走了进去，接待他的是一个年纪很轻的店员，这名店员迎面向他走来，询问道："先生，您要什么？"

威莱·菲尔普斯说:"我想买双短袜。"

令作家没有想到的是,这个年轻人眼睛闪着光芒,话语里含着激情,"您知道吗,您现在所在的地方,是这个世界上最好的袜子店。您需要一双什么样的袜子?"作家一愣,他没有想到一个卖袜子的人会有如此的激情,他仅仅是需要一双短袜罢了,走进这家商店纯粹就是一种偶然。

只见那个年轻人小心翼翼地从一个个货架上拖下许多只盒子,然后把里面的袜子都展示给作家看,让他欣赏。作家感到非常不可思议,他对这个小伙子说:"等等,我只买一双!"那年轻人则回答说:"这我知道,我想让您看看这些袜子有多美,多么漂亮,真是好看极了!"

作家发现,在介绍袜子的时候,这个年轻人的脸上洋溢着庄严和神圣的狂喜,像是在把自己最钟爱的东西拿出来给别人看。作家心中立刻升起了对这个年轻人的兴趣,把买袜子的事情抛之脑后。作家略微犹豫了一下,然后对那个年轻人说:"我的朋友,如果你能一直保持这样的热情,如果这份热情不只是因为你感到惊奇,或因为得到了一个新的工作,如果你能天天如此,把这种热心和激情保持下去,不出10年,你就会成为美国的短袜大王。"

威莱·菲尔普斯为什么会断定那个年轻人一定会有所成就?就是因为他从年轻人身上看到了一种对待生活的热情。这个年轻人虽然做着非常平凡的工作,但是他没有自弃,依然充满着对生活的热爱,这样的人,最终会赢得人生。

热情是一种主动,如果对生活冷淡漠视,那么你的存在便如行尸走肉般。生活给了你一切,但经历需要你自己去创造,一切需要你自己去感受。如果麻木地生活,那么你会无止境地重复某一天,懈怠地应付所有事情,直到你对生活感到倦怠,感到现实无力改变,最终只会自怨自艾,抱怨生活的不幸。

　　不爱自己的生活，厌弃自己的工作，这样并不能让你摆脱现状，只会让你沉溺在一种无法摆脱的消极情绪中，让你对一切都失去信心，产生怀疑。想要迎来改变，你唯一能做的，就是逼迫自己去努力，去拼搏，去重塑对生活的热情。

　　事实上，对于生活的热情是我们每个人都拥有的。只是在日复一日的平淡日子里，这些热情被慢慢地消耗、磨损、消解、抵消。而失去了热情的我们，最终只能变得疲惫不堪、无可奈何、垂头丧气、气急败坏，再难有平心静气的时候，也难得有信步从容的时候。

　　人的热情究竟是怎么失去的呢？我们可以举一个简单的例子来说明这一点。在一只猴子面前摆上一些食物，但是却用一层玻璃将猴子和食物隔开，一开始，猴子会非常急切地想要得到这些食物，但是当它做出百般努力都无功而返之后，猴子便对这些食物失去了热情，即便是将玻璃拿开，猴子也不会再去为得到食物而努力。因为希望总是破灭，所以猴子失去了对食物的热情。

　　对于我们人来讲，我们同样有自己的期望，恐怕没有谁满意自己当前的状况。可是，所谓的满意，不就是一个悬浮的数字与符号吗？它总是在我们的前方，我们不断地前行，它不断地后退。当然，我们如果停滞不前，它会退得更快。

　　很多时候，生活的不如意或许是我们无法改变的，但却可以控制自己的心态。遭遇失败时，我们会低落，会痛苦，但千万记住，别因低落就懈怠了自己，坠入自暴自弃的深渊。即便此刻你没有明确的解救之道，也要始终葆有对生活的热情。热情虽不是解决问题的手段，但是能让你打起精神来面对问题，有力气逼迫自己和命运抗争。

人心很小，装得太多反而会让你一无所有

每个人的精力都是有限的，没有人能够一心二用，若想实现理想，就要将小目标排序，一个个地完成，而不是同时兼顾。

试想一下，你吃牛排的时候是什么样的呢？切下一刀吃掉，然后再切下一刀，还是将整块牛排都分好之后再大快朵颐？可能不同的人有不同的选择，但有一点是相同的，不管你怎样分，都要将大块的牛排分成小口吃进嘴里，而且一口只能吃一块。

其实这个过程和我们实现理想的过程差不多。理想对于我们而言都是遥远的，所以要将大目标分成小目标，一步一步去实现。但是在分割目标之后，有些人却做错了下一步，那就是没有给目标分等级，以至于不知道从何入手，怀揣着无数个小目标，把自己弄乱了。就像掰棒子的熊瞎子一样，拾起一个就丢了上一个。

曾经有一位73岁的老人计划从旧金山步行到佛罗里达州的迈阿密市。经过长途跋涉，克服了重重困难，她终于到达了迈阿密市。

这位老人吸引了当地各大媒体的记者，大家都想去采访她。大家很好奇，她是如何鼓起勇气，徒步旅行的？这路途中的艰难又是否曾经吓倒过她？

"徒步这么遥远的路程，对于我们年轻人来说，几乎都是不敢想象的，我们觉得您就像一个奇迹，能告诉我们您是怎样完成这一壮举的？"一位男记者抱着极大的好奇心问。

"事实上，这一路上我的计划从未有所变动过，那就是：前面下一个小镇。"老人回答说，"要知道，走一步路是不需要勇气的，我

所做的就是这样。我先走了一步，接着再走一步，然后再一步，很容易就到达了前面的小镇。然后我再把上一个计划原封不动地简单重复一下，就可以了。"

若是老人想着下一个小镇，同时还想着其他的小镇，那么她的心就乱了，不理智的决定不能让她稳步前进。任何事都需要开始，需要迈出第一步，你若不知道众多小目标如何筛选，最终你只能停留在原点，望着无法到达的彼岸叹息。

人生是一场旅行，一路上背负的东西会不断累加，如果不懂得整理和取舍，那么终有一天，我们会在可怕的重压下和疲惫下变得越来越懈怠，直至失去前进的力气。所以我们自己要尽可能地减少负担，这样才能将更多的精力投入到前行的路上。不要去想自己的目标有多远大，也不要去考虑为了完成这个目标你需要做多少事，只要做好眼前的一件事，做好一个小目标，一点点积累，最终成功一定会被你踩在脚下。唯有那时你才发现，那些复杂而烦琐的事早已在你的一点点努力下完成了。

宏伟蓝图自然是具有无穷魅力的，但它同时往往并不是我们唾手可得的。若试图一下去抓住事情的达成结果，无异于想在一天之内建造出一座罗马城，给自己徒增繁重压力的同时，也让简单的问题复杂化了。

1984年的东京国际马拉松邀请赛中，名不见经传的日本选手山田本一大爆冷门，夺得了冠军。当记者问他凭什么取得如此惊人的成绩时，他的一句"凭智慧战胜对手"让当时体育界嘘声一片。许多人都认为这个偶然跑到前面的矮个子选手是在故弄玄虚。马拉松比赛是体力和耐力的较量，只要身体素质好又有耐性就有希望夺冠。而爆发力和速度都还在其次，说用智慧取胜确实有点勉强。

两年后，意大利国际马拉松邀请赛在意大利北部城市米兰举行，山田本一代表日本参加比赛。这一次，他又获得了冠军。记者又请他谈经验。性情木讷、不善言谈的山田本一回答的仍然是上次那句话："用智慧战胜对手。"这回记者在报纸上没再挖苦他，但对他所谓的智慧还是迷惑不解。

10年后，这个谜终于被揭开了，他在他的自传中是这样说的："每次比赛之前，我都要乘车把比赛的线路仔细地看一遍，并把沿途比较醒目的标志画下来，比如第一个标志是银行，第二个标志是一棵大树，第三个标志是一座红房子……这样一直画到赛程的终点。比赛开始后，我就以百米的速度奋力地向第一个目标冲去。等到达第一个目标后，我又以同样的速度向第二个目标冲去。40多公里的赛程，就被我分解成这么几个小目标轻松地跑完了。起初，我并不懂这样的道理，我把我的目标定在40多公里外终点线上的那面旗帜上，结果我跑到十几公里时就疲惫不堪了，我被前面那段遥远的路程给吓倒了。"我们的胃很小，只能容得下一条鱼，同样地，我们的一切都是有限的，就像山田本一说的那样，若是将所有的目标都摆在心里，那么你就会被压得无法喘气，更不要说轻装上阵了。

所以说，人生无论是长久的计划，还是宏伟的目标，都绝非是一蹴而就的，它是一个不断积累的过程。而一个个量化的具体计划，就是人生成功旅途上的里程碑、停靠站，每一个"站点"都是一次评估、一次安慰和一次鼓励。是否能量化，是计划与空想的分水岭，只有把每一小段的目标都可视化，才不至于让自己的理想成为海市蜃楼。

设定一个不太难实现的小目标，无形中就让自己长久坚持下去的动力变得强大起来。这样我们就会因为每一个小目标的简单易行而感到压力减轻，也正因为感到应对自如，我们才会发现自己渴望去做生活中其他需要改变的事情。当实现每一个小目标后，就会有一种更加积极的强化力量来逼迫我们沿着通向最终远大目标的道路不断前进。

　　心系太多反而会让你一无所有，打消你的热情和积极性，不如将一切看得简单一点，只记得眼前该做的事，这样你才不会觉得疲累，才不会因为难度太大而半途放弃。

第三章 逼自己，在狭隘的时候

DISANZHANG

——井底之蛙，永远看不到辽阔的大海

　　井底之蛙跳不出井口，不是因为双腿力量不够，而是在它眼中，世界便只有井口的天空那么大。你不逼迫自己跳出狭隘的囚笼，就永远不可能看到辽阔的大海；你不逼迫自己打破狭小的桎梏，就永远不知道这个世界究竟有多大。

脚踏实地，仰望天空，永远在走上坡路

梦想就像一张画布，任凭你发挥，可梦想的画布铺得再大，你也得用画笔填充上线条和颜色，才能成就一幅气势恢宏的作品。

脚踏实地，仰望天空。这是多么诗意的人生状态，也是每一个成功者在成功路上的真实写照。仰望天空，人生才有希望，才有目标，才能超脱当下蝇营狗苟、鸡毛蒜皮的生活。而脚踏实地，才能将仰望天空时心中的梦想一步步转化为现实。

在现实生活中，每个人都对生活怀着或宏大或朴素的梦想。也许是事业的成功，也许是爱情的甜蜜，也许是家庭的幸福，也许是生活的安逸。正是这些梦想使得人们有了高远的追求，有了生活的动力。仰望天空是甜蜜的，充满梦想的美好，但若是想让现实照进梦想，除了仰望天空之外，我们还得脚踏实地，如此，才能让自己一步步，永远走在上坡路上。

虽然脚踏实地不够梦幻也不够浪漫，但是每个有梦想的人都应该去行动。梦想是我们内心的体现，却不一定能够得到现实的配合。或许你的梦想是鸿鹄之志，但现实中的你却只是燕雀之表。若是不能脚踏实地地付出努力，那么你的梦想可能越来越偏离轨道，这样一来，你就只能成为一个梦想家。但若是你能够端正心态，认清现实去努力，那么你便能够不忘初衷，一步步接近成功。

齐白石是中国近代画坛的一代宗师。齐老先生不仅擅长书画，对篆刻也有极高的造诣，但他并非天生就有这方面的天赋，而是经过了非常刻苦的练习和不懈的努力，才把篆刻艺术练就到出神入化的境界。

齐白石年轻时就特别喜爱篆刻，但自己的篆刻技艺总是不那么令人满意。于是，他向一位老篆刻艺人虚心求教，老篆刻家对他说："你去挑一担石头回家，刻好了之后全部磨掉，磨完后再刻。等到这一担石头都变成了泥浆，那时你的印就刻好了。"

齐白石就按照老篆刻家的话一丝不苟地去做。他挑了一担础石来，夜以继日地刻着。刻好了把它磨平，磨平了再刻，手上不知起了多少个血泡。

日复一日，年复一年，础石越来越少，而地上淤积的泥浆却越来越厚。最后，一担石头终于统统都被"化石为泥"了。而齐白石老先生的篆刻技艺，也达到了炉火纯青的地步。

齐老获得成功的诀窍，就是脚踏实地地努力。在这一步一步前进的过程中，他保持着对待事情的耐心与执着。只有以沉静之心，始终如一地付出努力，成功的步伐才会走得稳健而坚实。

一针一线细心缝制的帆，才能安全地将我们送到成功的彼岸。用焦急与浮躁打造出的船，只能将我们埋葬在失败的汪洋大海中。不管现实怎样骨感，只要你的行动和梦想一样丰满，那么最终你一定能够达到最初的目标。

古人说：不积跬步，无以至千里；不积小流，无以成江海。想要成功，我们必须逼迫自己一步步朝着高处攀爬，只要跳出狭隘的天地，才能看到辽阔的大海，才能俯仰高山河流。别在该拼搏、该突破的年纪，把自己活成一只井底之蛙。

哈佛的一位教授经常对自己的学生说："那些取得了较大成就的人，并不是一开始便居于高位，也不是有一步登天的本领，而是他们懂得控制住浮躁情绪，通过踏踏实实的行动，不会因为各种各样的诱惑而迷失方向，一步一个脚印地向前迈进。"

谁出生的时候都是一无所有的，追求梦想的时候，都是靠着热情支撑的，但若是你不能为此付出努力，最终也只能回到原点。就像齐白石老先生，他曾经也不会篆刻，在篆刻面前他就如初生婴儿一般，但他肯为了自己的梦想付出努力，逼迫自己不断地学习、积累，一个人与时间为伴，最终才有了这样的成就。

脚踏实地，然后仰望天空，让自己一步步往高处攀爬。说起来只是一句话，做起来却并不容易。努力和突破并不是一件多么浪漫的事，因为它本身并没有浪漫的成分，没有巨大的激情，甚至可能永远不会有掌声和鲜花。它是种子在泥土深处萌发的孤独努力，是在泥泞的道路上留下的艰深足迹，是迫使自己直面自己所有的缺点不足的痛苦挣扎。因为拥有这样的一股力量，我们才能跳脱出狭隘的天地，看到更广阔的世界，树立更远大的目标。

从前，有一个非常喜欢生物的小男孩，很想知道蛹是如何破茧成蝶的。可是蝴蝶倒是看见得不少，但蛹却很少见。

有一次，他终于在草丛中发现了一只蛹，便取回了家，日日观察。

几天以后，蛹出现了一条裂痕，里面的蝴蝶开始挣扎，想抓破蛹壳飞出去。艰辛的过程达数小时之久，蝴蝶仍在蛹壳里辛苦地挣扎，那对翅膀怎么也扑棱不出来。

小男孩看着蝴蝶这么痛苦，有些不忍心，很想帮帮它。于是他找来剪刀，将蛹壳剪开，里面的小蝴蝶瞬间就破蛹而出了。

但让小男孩万万没有想到的是，那只小蝴蝶毫不费力地从蛹壳出来后，因为没有经过破茧而出的锻炼，翅膀的力量太薄弱，以致根本飞不起来。不久，便痛苦地死去了。

破茧成蝶的过程原本就非常痛苦，然而同时，只有经历了这一艰辛的过程，才能换来日后的翩翩起舞。一味追求速度反而让爱变成了害，最终让蝴蝶悲惨地死去。凡事都是脚踏实地、循序渐进的过程，违背了自然规律，急于求成，将会导致最终的失败。

这个世界上从来就没有什么"世外桃源"，任何事情的完成都需要一个过程，好高骛远，眼高手低，这就如同等待天上掉馅饼的机会。作为一个有责任感、有理想的人，踏踏实实地去做，不断地去解决问题，才能不断提高自己的能力，让自己能在竞争中脱颖而出。

一味主观地求急图快，没有按照客观规律一步一步地积极努力，后果只能是欲速则不达，适得其反。那些抱着急于求成心理的人，做事恨不能一日千里，但往往事与愿违。不遵循客观规律，还没有练习好走步就想要跑，那是肯定要摔跟斗的。

有人也许会问，你要脚踏实地地工作，什么时候才能成为成功者呢？其实，成功者大多是从最底层工作开始做起的，但不管做什么，都能脚踏实地将本职工作做好，在平凡的工作中取得出色的成绩。也就是说，你要想离成功更近的话，那么你最好摒弃心浮气躁，脚踏实地地工作。

仰望星空的时候，别忘了沉静下心，记住自己脚下坚实的土地。踩着这样的土地，一步一步地走出自己的广阔天地。

你没走快那是你腿短，你没走远那是你志短

坐在井底的青蛙，永远跳不出那口井，不是因为它的双腿没有力气，无法弹跳得比井口更高，而是因为它只看得到井口的一方天地，以为世界其实只有这么大。人也是一样，若看不到高山，又怎会萌生攀爬的欲望？若窥不见海洋，又怎能体会跋涉的魅力？你走不快或许是因为腿短，但走不远却是因为你志短。

拿破仑说过，不想成为将军的士兵不是好士兵。如果只看着眼前，那么我们就永远谈不到梦想，只有清楚自己前行的方向，才能在属于自己的路上走出精彩的人生。如果只想着自己在做什么而不知道自己要做什么，那么只能落后于人。

在现实生活中，常常听到有人感叹，说梦想很丰满，但现实很骨感。大部分的梦想都非常远大，没有人不愿意站在顶端俯瞰这个世界，而为了梦想付出一切的人也同样不在少数，但可惜的是真正能够站在顶端的人实在太少了。到底是能力不足还是不够努力？

其实，梦想就是我们眼中的一个目标。在时间的累积过程中，人们会遇到各种各样的阻碍，现实太过残酷，所以梦想也随着时间的累积而变得遥遥无期。可现实是，努力了，总会接近梦想，不努力，将一事无成。

很多时候，我们之所以被平庸禁锢，缺乏的往往不是能力，而是眼界和梦想。眼界太小，便看不见梦想，而缺乏梦想，便只能故步自封，再难进益。要知道，无论你所拥有的梦想有多么遥远，至少都有实现的可能，但要是连起点都没有，那么一切也就只能成为泡影了。成功的方法有很多种，大多数人所欠缺的并非方法，而是成就梦想的雄心。

从前有两名泥瓦匠，他们总是在一起工作。其中一名泥瓦匠每天都快乐地工作，因为他有一个梦想，他不认为他会一辈子只做泥瓦匠，他坚信这只是一个开始，他一定能够达成自己的梦想，想到这些他每天的工作就变成了他进步的空间，所以他每天都过得非常充实而快乐。

另一名泥瓦匠正好相反，他厌恶泥瓦匠这个工作，因为这个工作让他觉得辛苦，而且没有高收入，还要弄得浑身脏兮兮。他之所以成为泥瓦匠是因为他有一个泥瓦匠的父亲，他从来没有想过自己的未来，他的父亲传授他这门手艺所以他顺理成章地成了一名泥瓦匠。看到另一名泥瓦匠每天开心地工作他非常不理解，他真不清楚工作当中有什么值得开心的事情。

于是这名泥瓦匠问他的同伴："你每天为什么工作时还那么快乐呢？工作不累吗？当一名泥瓦匠有什么可开心的。"

"你工作得不开心吗？"

"工作有什么值得开心的。"

"想到梦想就开心了啊，你没有梦想吗？"

泥瓦匠嗤笑同伴说："啊，梦想这东西啊，我小的时候梦想成为地产大亨，但是我现在却做了泥瓦匠。你见过泥瓦匠还痴心妄想成为地产大亨的吗？"

泥瓦匠的同伴思考了一会儿，说："你觉得咱们现在在干什么？"

"砌墙。"

"错了，咱们正在建造一座非常美丽的剧院。"

泥瓦匠觉得自己的同伴有些自命清高，不想再继续和他说话，而是继续抱怨着工作了。多年之后，回答砌墙的泥瓦匠仍然在砌墙，而他的同伴则成了一个有名的建筑师，很多知名的建筑都出自他的手，也因为这样被世人熟知。

同样的起点，却是不同的终点，因为其中一个人只看到了自己的眼前，认为这就代表着自己的未来，丢弃了自己的梦想；而另一个人则有着远大的理想抱负。现实生活当中，我们有时难免会出现泥瓦匠的想法，为了工作而工作，并没有想过要在自己的工作岗位上有所作为，如果这样想，那么只能碌碌无为地度过一生。

我们将自己困在眼前自然难以有所突破，梦想也被限制，只想登上土坡就满足的人是永远无法登上高峰的。唯有站在自己的位置抬头看，才能看到自己的渺小，才能知道自己未来发展的空间有多大，如果惧怕前路，那么就只能在原地止步不前。

眼之所及，履之所至。你得先看到，才可能有机会走到。所以对于很多人来说，有时实现梦想其实不是最困难的，困难的是找到自己的梦想。如果你只是为了工作而工作，为了生活而生活，那么一生都注定难有作为。

梦想需要创造，雄心就是梦想，只要敢想，只要想得远，那么自己就能够为了实现梦想而付出相应的努力。总有一天会站在自己的梦想面前，即便最终现实和梦想有所差距，你也会发现，自己已经站到了一个不曾到达的高度。

梦想需要雄心才能成就，没有雄心，一切只能成为泡影。现实生活中，在我们抱怨生活不公时，是否想过是因为自己对梦想的渴求不够？机会是人创造的，财富是靠积累的，我们要从自己的心中实现梦想，现实才会为我们开路。

爱情不是唯一，别让狭隘困死婚姻

每个人的骨子里都有一种浪漫，无论男人还是女人。即便进入婚姻，人们往往也很难一下子从浪漫的恋爱中回过神来，以至于感性多于理性，过于追求浪漫，从而模糊了理想和现实的界限，失去了理性判断，用狭隘的"爱情"困死了婚姻，最终错失幸福的机会。

这其实是很可怕的一件事，爱情是美好的，但却不是也不该是生命的唯一。爱情应是开放的，伟大的，相互理解的，应是帮助我们的生命获得圆满的，而不是狭隘的牢笼，囚禁我们的工具。

爱情之初，两个人轰轰烈烈，而当步入了婚姻殿堂，日子就变得平平淡淡了。男人抱怨女人成了黄脸婆，每天都为柴米油盐的小事唠叨不停，早已没有了恋爱时的温婉，甚至还会管制起自己。而女人呢？则开始抱怨男人不够体贴，情人节也不再送自己美丽的玫瑰……

这就是现实，很多人因此而感叹，甚至感到悲伤。难道爱情就这样消失了吗？当然不是，只是我们做了太多美好的梦，不愿意醒过来。要知道，生活不是电视剧，婚姻更不是偶像剧，不会每天都有那么多的惊喜，不会每天都有那么多的浪漫，婚姻生活的真谛就在于日常的相处和琐碎的柴米油盐，实实在在的幸福才是最重要的。

她和他结婚三年，她是一个追求浪漫的女人，他的木讷、不解风情渐渐让她感觉婚姻生活的无趣，她甚至怀疑他不是真的爱自己，不值得自己托付终身。她想了很久，那天终于鼓足勇气对他说："我累了，也疲倦了，我们离婚吧。"

男人深爱这个女子，顿时他愣住了，艰涩地问道："为什么？难道你觉得我不够爱你吗？那你说，我哪里做得不好，我要怎么做，你才能改变主意？"

　　她说："我问你一个问题，如果你的答案我能接受，那我就选择留下。假如我非常喜欢一朵花，但是它长在悬崖上，如果你去摘，一定会掉下去摔得粉身碎骨，你还会为我去摘吗？"

　　他沉默，然后说："我想一下，我明天早上给你答案。"

　　第二天早上，她醒来时他已经出去了，桌上依然像往常一样放着一碗她最爱的、热腾腾的米粥，下面压着一张他留下的纸条，上面写着满满的字。看了第一行后，她的心一下子沉了下去，但……

　　亲爱的：

　　我确定我不会去摘那朵花，理由是：

　　在这里住了这么久，你出去还是经常找不到方向，然后就开始哭，所以我要留着眼睛帮你看路。

　　别人惹你生气时，你总是不说话，喜欢一个人生闷气，而我怕你气坏了身子，所以我要留着嘴巴逗你开心。

　　你每月那几天都会疼痛难忍，而我要留着手给你暖肚子。

　　你出门总是忘记带钱包，选好了东西才发现没带钱，而我要留着脚跑去给你送钱，让你把喜欢的东西买回家。

　　因此，在确定你身边没有更爱你的人之前，我不想去摘那朵花……

　　亲爱的，如果你接受我的答案，就把房门打开吧！我正拿着你最喜欢吃的豆沙包在门外等着呢……

　　她看完，突然想到了他的种种好处，他除了不会讨女人喜欢外，他勤劳善良，为人本分诚实，工作兢兢业业，她扑在他怀里放声大哭，她不再需要那朵花了，庆幸还没有失去一个温暖宁静的家！

　　歌词中唱道："我能想到最浪漫的事，就是和你一起慢慢变老。"这样的爱情才是值得人们憧憬的。爱情至多可以维持3个月的激情，而婚姻则能维系你们之间的亲情，是你们对对方的一种保证。梦可以偶尔做做，但大部分时候我们还应该生活在现实当中，长相厮守，才是真实当中的浪漫。

　　玲玲长得漂亮，家境不错，在银行上班，她的新婚丈夫小白高高大大，长得帅气，又是某一科技公司里的骨干技术员，亲友们都夸玲玲有眼光，不过这桩看似幸福的婚姻却没有走多久。

　　玲玲沉迷偶像剧，那种追求浪漫、激情的情愫一直萦绕着她，婚后不但要求小白每天接她下班，还要求小白像偶像剧里的那些绅士一样"变着花样"出现，比如这回手捧玫瑰花，下回就要带个小礼物，每次要对她说I Love You，还说这样才能显出他们夫妻深情。尽管玲玲温柔可爱，算是个好女孩，但这样时间久了小白就有点吃不消了，觉得玲玲"难伺候"。

　　一天，玲玲正兴致勃勃地看电视剧，突然向正在收拾家务的小白发牢骚："电视上婆婆都是为难儿媳，真是有道理，上次你妈来还抱怨我不爱做家务呢！"并让小白回答"若我和你妈一起掉下河，你先救谁"的问题。

　　小白觉得玲玲有些不可理喻，生气地回答："当然救我妈，起码她会照顾我。"

　　为这件事，玲玲生了一整天的气，说小白婚后越来越不绅士了，还说："男人要时时刻刻宠爱女人，偶像剧里都是这样的，这样才是正常的爱。"后来，小白拨打婚姻热线诉苦说，他感觉老婆平时说话做事都像是在演戏，自己受不了她的脾气了，考虑离婚。

　　恋爱的时候，两个人对彼此都不够了解，只是凭着吸引力走到一起，对两个人的未来也有太多不确定，所以不断通过各种浪漫的行为来证明自己的爱，反复询问对方以确定两个人是彼此相爱的。但是步入婚姻殿堂之后，很多人的相处模式自然就转变了，两个人不再每天说甜言蜜语，更多是在说生活琐事。

　　对爱人的怨念或许正是从此时开始的，因为梦想和现实的落差感，让人们对自己的另一半产生了不满。其实，多数人进入婚姻后，

　　两人长时间厮守，还有生活杂事的纠缠，确实很难保持长期的激情和浪漫，所以，很多人一时难以适应这种转变，总会想着办法地"挑刺"，比起甜言蜜语，两个人更多的是争吵。

　　其实，因为生活琐事吵架完全没有必要，因为生活就是这样的，在磕磕绊绊中过一生，浪漫的情感是虚无缥缈的，生活却是实实在在的，不要因为渴望激情浪漫，而幻想婚姻每天都有那么多的惊喜和浪漫。要知道，真正打动人的感情总是朴实无华的，它不出声，不张扬，而且埋得很深。

　　爱情需要浪漫，而婚姻却需要真实。不要感慨于平淡的生活，不要叹息于平静的岁月，多留意生活中实实在在的爱意，用心中的理智之柴将爱火燃得更旺，用成熟的屋檐为爱遮蔽风雨！

　　不要抱怨你的另一半改变了，也不要抱怨你的婚姻，这些都是你曾经的选择。既然选择了对方，选择了相守，就要在现实中将两个人的故事一直延续下去。认清爱情与婚姻的区别，学着用成熟、理智的心态面对爱情，面对婚姻，你才能获得真正的幸福。

你不体谅他（她），又凭什么要求对方为你妥协?

我们总会听到这样的话："我们之间明明有爱，可为什么不幸福，甚至到了要离婚的边缘?"爱情将两个陌生人连接在一起，让他们体验新奇与美妙的情感真谛，随着时间的推移，所有的激情慢慢回归到平淡的生活中去。面对柴米油盐等家庭琐事，两个人想要依靠"彼此相爱"的誓言将婚姻生活长久地维系下去，恐怕还不够，因为少了一块叫作尊重的基石。

有的人认为夫妻之间如果彼此尊敬，就少了一分亲密，但实际上不是如此。一个人升级为一个家，生活中自此便多了一个人，面对这种转变，一开始很少有人能够适应，所以需要彼此磨合。如果少了尊敬，彼此心里都会感到委屈，时间久了自然就有了摩擦和裂痕。

历史上不乏因为彼此尊敬而生活得美满的家庭，梁鸿和孟光便是典范之一。

东汉初年，有个叫梁鸿的隐士，家境贫寒但为人清高，很多人都想把女儿许配给他，而梁鸿却屡屡谢绝。与他住在同一县城里有户姓孟的人家，家里有个女儿长得又黑又胖，模样也很丑陋，但力气极大，能够轻而易举地把石臼搬起来。家人多次给女儿找婆家，可她就是不嫁。一转眼，孟家的女儿已经三十出头了，父母问她为何不嫁，她答道："要嫁，就要嫁给像梁鸿那样的贤德之人。"

梁鸿听说这件事后，决定娶该女子为妻。婚后7天，他们考验彼此，结果两人都被对方的品德所折服。梁鸿为妻子取名为孟光，字德曜，他希望妻子的仁德能够像光一般闪耀。后来，他们两人在霸陵山隐居，过着男耕女织的生活，非常恩爱。每次吃饭的时候，孟光都会把盛饭的托盘高高举在眉前，请丈夫用饭，以此来表示敬意，这也就是人们后来所说的"举案齐眉"。

在父母跟前，你得到了无数的宠爱，你的另一半也同样如此，因此，在婚姻生活中你不能仅仅期待这种宠爱的延续，也要体谅到对方，这样日子才会越过越美满。两个人一同迈进婚姻的围城的那一刻起，他们就是同为一体的，他中有她，她中有他，或许是因为彼此太过于熟悉，所以两个人之间有很多时候都会有嘲讽，渐渐地敬意也就被忽略了。但是，若想获得幸福，就要保留婚姻中的敬意。虽然不必像尊敬长辈那样刻板，像对待客人那样生疏，但彼此欣赏的尊敬是要有的。如果你能够怀着一颗尊重的心面对爱人，你会发现自己的内心是如此平静，不再总是抱怨，而是完全地接纳对方的一切，对方身上那些"毛病"也不再会像刺一样扎你的心。心中没了怨气，才能有和缓的语调，才能有温柔的举动，爱才能得到正常的表达。而对方也会因为你的尊重，回报给你同样的尊重与爱。

现代人生活在一个充分保有自我，强调个性的大环境中，我们可以看到身边有些朋友，之所以婚姻不幸福并非是由原则问题引发的，也不存在所谓的背叛和移情别恋，更多的是由个性、脾气和生活细节的不收敛和不节制导致的，而这些不收敛和不节制正是因为没有把尊重对方作为共同生活的一个原则。夫妻之间应当相互尊重，遇到任何事情都要互相商量。在外人面前指责另一半的不是，不仅伤了爱人的自尊，也伤了彼此之间的感情。想要获得美满的婚姻，就该学得聪明一点，当你尊重爱人的时候，你也会受到同样的尊重。

梦然结婚以后，一直和丈夫打理他们的小店，两个人的生活过得挺美满，但是梦然也发现了丈夫有一个问题，就是凡事不和自己商量，习惯一个人做主。前几天，梦然无意中看到了一张汇款单，收款人是丈夫的表姐。她知道，丈夫又私自把钱借给了他的表姐。梦然心里很不舒服，因为这笔钱是已经计划好用来扩大店面的，如果直接去质问丈夫，肯定弄得不欢而散。为了和平处理这件事，并让丈夫懂得尊重自己，梦然旁敲侧击地点醒了丈夫。

一天晚上，梦然和丈夫闲聊。她说："我有个朋友，今天不小心摔伤了腿，要住院治疗。可是交押金的时候，丈夫才告诉她，家里的钱都让他借给朋友了，一时间根本要不回来。后来，还是我那个朋友的哥哥出钱给妹妹交了住院的钱！"

丈夫听着梦然的话，一声不吭。梦然又说："我希望我们两人能坦诚相待、互相尊重，不管大事小事都商量着办，我一直都在这样做，我相信你也会。"

第二天，丈夫把自己借钱给表姐的事主动告诉了梦然，并表示以后做事之前会和梦然商量，尊重她的意见。

婚姻是属于自己的，情感是属于自己的，爱人也是属于自己的。柴米夫妻多年的平凡生活会磨蚀很多情调、很多浪漫，但是每个人都该在岁月的返璞归真中留存着一份尊重。在婚姻生活中，男人最需要的是妻子的尊重，当妻子得意的时候，尽量不要在他面前太显山露水，这样会给他增加压力；当他失意的时候，也不要过于担心他的得失，让他觉得自己被逼到了绝路；当他自命清高的时候，也不要指责他，让他觉得没有人懂他；当他在外面高谈阔论，甚至吹牛的时候，记得不要揭穿他、反驳他，满足他的好强与虚荣心；当他在家做家务的时候，就算没有干好也不要打击他，这会让他的热情一落千丈。

女人最需要的是男人的关心和爱护，当男人成功的时候，尽量不要在妻子面前过于狂傲，这样会让她感到委屈；当她失意的时候，不要一味指责她的不是，让她觉得不被理解；当她谈论工作生活的不满时，也不要急于反驳，让她觉得生活过于劳累。女人有时需要的是丈夫的体谅，如果男人能够做到这一点，就是对妻子最大的尊重。

如果不站在山顶，永远也无法体会美丽的风景

曾有专业人士通过调查研究得出这样一个结论："凡是普通人，其实只开发了蕴藏在自己身上十分之一的潜能，可以说，每个人不过都处于半醒着的状态。"

我们的身体就如同一个宝库，潜能就蕴藏于其中，只是因为我们都未接受过相关的潜能训练，所以，很多时候，我们的潜能都不能很好地发挥出来。一旦将我们身上的潜能挖掘出来，在我们的一生中就能够起到"点石成金"的重要作用。

记得曾经看过一个新闻，说有个孩子情急之下为了救母而搬动了汽车，在众人看来这简直不可思议，但奇迹就这样发生了，因为在关键时刻，男孩渴求救母的欲望化成了一种无坚不摧的能量。可见，每个人其实都有可能创造奇迹，只要你能够豁出去，选择拼搏。

一个人的能力极限在哪里？恐怕这个问题没人能回答上来，因为谁也不知道，我们的身躯之下，究竟蕴藏着多少潜能。这种潜能可以说是我们的，但却又并不属于我们。为什么这样说呢？举个例子，潜能就像是自家土地下深埋的金子，虽然它在自家地下，但不去挖掘，这种东西就不能说是我们的。

小山真美子是日本札幌市的一位年轻妈妈，她天生身材矮小。一天，她正在楼下晒衣服，突然看到她4岁的儿子从8层的家里掉了下来，马上就要跌落在地上。

见状，小山真美子飞快地奔过去，赶在孩子落地之前将孩子接在了怀里，结果，儿子只受了一点轻伤。

该则消息很快就在《读卖新闻》发表，日本盛田俱乐部的一位法籍田径教练布雷默对此非常感兴趣。这是由于当他按照报纸上刊出的

示意图仔细计算了一下时，发现从20米外的地方跑过来接住从25.6米的高处落下的物体，一个人必须跑出约每秒9.65米的速度才能到达，就是在短跑比赛中，这个速度也是没有人可以达到的！

后来，布雷默就专门为这件事找到了小山真美子，问她那天是怎样跑得那么快的。小山真美子回答道："是对孩子的爱，因为我不能看着他受到伤害！"于是，布雷默得出了一个结论：实际上，人的潜力是没有极限的，只要你拥有一个足够强烈的动机就能将潜能挖出来！

回到法国以后，布雷默专门成立了一家"小山田径俱乐部"，以此激励运动员要很好地突破自我。最终，布雷默手下的一位名叫沃勒的运动员在世界田径锦标赛上获得了800米比赛冠军。

当媒体的记者争抢着问他如何在强手如林的比赛中夺冠的时候，沃勒轻松地回答道："小山真美子的故事一直激励着我，因此在比赛的时候，我就始终想着，我就是小山真美子，我飞奔着是要去救孩子！"

不得不说，小山真美子能创造短跑速度的奇迹，凭借的是她在瞬间爆发出来的潜力，而沃勒之所以能够夺冠，也是因为受到了小山真美子救子的激励，也将自己体内的潜能挖了出来。如此看来，每个人都具有潜能，它就像一座大"金矿"，蕴藏着无穷的力量和动力。如果我们要想获得事业上的成功，肯用积极的心态将潜能发掘和利用起来，它一定会助我们一臂之力。

一般情况下，有不少人都认为，他人做不到的事情，自己一定也是做不到的。于是，就会习惯性地安于现状，绝不会主动去改变现状，这样一来，潜能自然就得不到开发，并且，最可怕的是，它还会随着我们年龄的增长而慢慢退化。

看看周围的人吧，有多少人总是抱怨自己不堪重负？其实这些人不是不能承受这些压力，而是不想去面对这些。成功人士哪一个不比我们遇到的困难多？哪一个不比我们的压力大？但他们仍旧能够坚持走下去。说到底，是因为他们开发了自己的潜能，提升了自己的能力。如果永远不逼自己站上山顶，你又怎么能体会风景究竟有多美丽呢？人都是逼出来的。在现实生活中，也只有那些勇于挑战，具有强烈进取心之人，才能将潜能挖掘出来，从而取得辉煌的成就。

大家一定熟知班·德雯，他在保险销售行业里，真可谓是一位杰出人物。

他在连续数年达到了每月10万美元的销售业绩，并成为大家所追求的、卓越超群的百万圆桌协会会员。

他在50年内，平均每年都达到了将近300万美元的销售额。除此之外，他的单件保单销售曾做到了2500万美元，甚至一个年度就超过了1亿美元的业绩。曾经有过数字统计，在他的一生当中，他共销售出去了数十亿美元的保单，高于整个美国80%的保险公司销售总额。

可以说，在销售保险的历史上，没有任何一个业务员能够超越过他。然而，他实现的这一切，却是在他家方圆40里内，有1.7万人，一个叫作"东利物浦"的小镇上创造出来的。

在谈到自己的成功时，费德雯不无感慨地说："我之所以能够获得成功，是因为我有一颗强烈的进取心。而那些对自己的生活方式与工作方式完全满意的人，他们却陷入了一种常规。如果这些人既无任何鞭策力，也没有进取心，那么，他们也只能在原地徘徊。"

潜能成功大师安东尼·罗宾曾经这样说过："并非大多数人命里注定不能成为爱因斯坦式的人物，任何一个平凡的人，只要发挥出足够的潜能，都可以成就一番惊天动地的伟业。"

20世纪的科学巨匠爱因斯坦，在他逝世以后，科学家们便开始研究他的大脑，最终得出了这样的结论：无论是从哪个方面衡量，爱因斯坦的大脑都和常人的一样，并没有什么特殊性。其实，这就说明了一个问题，爱因斯坦之所以能够取得常人不能取得的成功，关键就在于，他超乎常人的那份勤奋和努力。

可以说，发挥潜能的程度是由自己的勤奋度决定的，凡是积极进取的人，就能深度挖掘自己的潜能，凡是消极懈怠的人，任何事情都会抱以"得过且过"的态度，潜能自然就得不到开发和利用。

所以，不管我们处于人生中的哪个高峰和哪个低谷，都不要陷入满是怀疑、否定的沼泽地，而是要以积极的心态将潜能挖掘出来，因为无穷的潜能才是帮助我们创造人生奇迹的坚定基石。

换个方向思考，前进不是唯一的选择

人生不会永远一帆风顺，必然会遇到风起浪涌的时候，也难免会与别人发生摩擦。遇到这种情况，如果迎面与之搏击，也许会撞得头破血流、船毁人亡，难有东山再起之日。此时，何不隐忍一下，暂时后退一步。

虽然我们总说要对自己狠一点，要逼迫自己变得更强大，但紧绷的弦总会有断的一天，劳逸结合才能有更高的效率，所以在累的时候，不妨放慢脚步，在难以解决的问题面前，不妨退一步，给自己一个喘气的机会，更给自己一个缓冲，这样你再次爆发的时候才有更大的力量、更大的胜算。

铃木集团成立于1920年，1952年开始生产摩托车，1955年开始生产汽车，如今是日本著名企业之一，向全世界的客户提供优质产品。但在创业之初，这家公司却遇到了不小的麻烦。

有一次，铃木集团总裁铃木太郎与西门子公司进行商务谈判，双方陷入了困境，原因是西门子公司坚持技术使用费提成率要占到销售总额的9％，铃木太郎不赞成这一提案，建议将提成率降低到5％。

虽然西门子公司答应了铃木太郎的请求，但是合同文本的主动权掌握在他们公司手中，不仅许多条款都是有利于自己公司的，而且他们又提出新的要求，即把技术转让费定为60万美元，并且要一次付清。

作为弱势的铃木公司，只能听任西门子公司的摆布。但是，当时铃木电器公司的总资本不超过4亿日元，而60万美元的技术转让费，相当于2亿日元，这笔沉重的技术转让费，对于刚刚起步的铃木公司来说是一个相当沉重的负担。

巨额的费用，让铃木太郎陷入了两难的选择。如果答应，公司必将陷入财务危机，一场灾难势必在劫难逃；如果不答应，则公司就会失去一次发展壮大的好时机。在这种形势对自己十分不利的情况下，铃木太郎高瞻远瞩地指出，退一步海阔天空，懂得退让才知进取，于是大胆接受了西门子公司的苛刻条约。

由于铃木公司从西门子公司获得了最新技术，所以，当时世界上最先进的科技成果，几乎都有铃木公司的参与，这为他们的发展打下了坚实的基础。可以这样说，双方的合作使铃木公司开始确立了国际大公司的地位。

铃木太郎无疑是聪明的，在面对两难的选择时，他最终跳出了思维和眼界的局限及狭隘，果断地退后一步，在后退中获得了更好的前进机会。

很多时候，在面对困难和挫折之际，我们首先想到的，便是要不畏艰险，勇往直前。但殊不知，在人生的道路中，前进其实并不是人唯一的处世之道。有时候，后退一步也能够让我们感觉到柳暗花明，退让是为了更好地前进。人生本身就是有进有退，有时候能够逼自己后退一步，往往比逼自己前进一步要更加重要。

隐忍不是懦弱，不是消极的处世态度，而是韬光养晦的智慧，是卧薪尝胆的勇气。忍一时风平浪静，退一步海阔天空。在这个世界上，没有解不开的问题，也没有化解不了的矛盾。只要我们能够适度地退让，总会拨云见日、雨过天晴，获得一片美丽的风景。

在实际生活中，人们常常赋予"前进"以勇者的赞誉。因为"进"代表着昂扬向上、积极进取的人生态度。所以，不少人热衷于"进"，而将"退"看作是怯懦的表现，是屈服的象征，不愿意、不甘心"退"。但其实，这种认知是极其狭隘的，相比理智的退让来说，缺乏谋略的挺进才是最愚蠢的选择。

春秋时期，楚庄王为了扩张自己的势力，发兵攻打庸国。但庸国奋力抵抗，楚军一时难以推进，楚将杨窗也被俘虏了。三天后，由于庸国人的疏忽，杨窗竟从庸国逃了回来，他对楚庄王说明了庸国的情况："庸国人人奋战，如果我们不调集主力大军，恐怕难以取胜。"

楚将师叔出了一个主意，建议用佯装败退之计，使庸军骄傲，之后再去进攻他们。因此，师叔带兵进攻，开战不久，楚军佯装难以招架，败下阵来向后撤退。这样几次，楚军节节败退。庸军七战七捷，不由得骄傲起来，军心麻痹，军队渐渐松懈了斗志，对敌人的戒备也渐渐消失。

在这种情况下，楚庄王率领增援部队赶来，师叔说："我军已七次佯装败退，庸人已十分骄傲，现在正是发动总攻的大好时机。"于是楚庄王下令兵分两路进攻庸国。此时庸国将士正陶醉在胜利的喜悦之中，怎么也不会想到楚军突然发起进攻，庸国士兵仓促应战，抵挡不住，结果庸国被一举消灭。

在这个故事中，楚国为了战胜庸国，采取了妥协和让步的方法，看似是处于下风。但事实证明，他们因为隐忍的"退"而创造了更好的作战机会，最终他们战胜了庸国，成了这场残酷战争中的赢家。

生活中有很多以"退"为"进"的例子。比如，体育竞赛中的足球、篮球赛，当进攻受阻，往往是将球后传，谋取更有效的进攻，从而得分；汽车驾驶员，在泊车时，有时也需要准确地后退，才能将车停在适当的位置；汽车起步时，有时也需要后退，才能把车驶上前进的道路……难怪有人说："用争斗的方式，我们永远得不到满足；但是用退让的方式，我们得到的会比期望的更多。"

拼搏是一种进取，但不是有勇无谋地一味向前冲，在必要的时候，要懂得运用智慧思考，选择更合适的方法。这样才不至于让你的热情被现实冲散，让你之前的努力全部白费。

执迷完美，本身就是一种狭隘

人活在世上，本来就不可能事事完美。哪怕是一年四季，都各有遗憾，更何况人呢？如同春日苦短，夏天暑长，秋风悲凉，严冬残酷，没有一个季节是完美无缺的。季节变化遵循其规律和准则，我们不应该有任何的违背。追求完美，看到的其实不过是错觉。

完美是多少人的梦想？完美的面孔、完美的工作、完美的生活、完美的情侣……这一切听起来都那么令人神往。

然而，在现实生活中，所谓的完美其实也不过是天边的海市蜃楼，只是一个虚幻的空镜子，你摸不到也抓不着，最终还会害了自己。整容的人到了老年期皮肤会急剧地老化，比同龄人更显老态龙钟；追求完美工作的人，反而容易让工作变得一塌糊涂；追求完美情侣的人，因为不断地计较而容易导致关系僵化，互相磨掉多年的情分……

就算有的人在你看来是完美无缺的，但在你不知道的地方或许对方也经受着不如意之事的困扰。退一步说，即便你一辈子都完美无缺，那么最终你还是会感到遗憾，因为人生中没有体会过遗憾……

所以，不要试图去改变老天安排好的命运，你只要负责自己人生的精彩就够了，走好自己的每一步，即便有缺憾，最终的结果也会弥补这一切。

在美丽的非洲大草原上，一只名叫杰克的小狮子十分以自己身为狮子为傲，但是当它练习捕猎时，却觉得自己并没有那么完美。因为它发现狮子的奔跑速度不及羚羊，这令它心生郁闷。

为了达到自己心目中的完美，杰克每天练习奔跑，但无论它怎么锻炼，奔跑速度还是比不过羚羊。聪明的杰克就观察羚羊每天的饮食

并跟着它们学习。于是羚羊们吃草时它也跟着吃草，羚羊们喝水时它
也赶紧跑往小河边。但是时间长了，杰克不仅没有练就羚羊的奔跑速
度，反而因为日日吃草而把身体吃坏了，精神渐渐萎靡不振起来。

母狮看到后温和地对儿子说："世界上是没有完美的生命的。狮
子之所以可以占山为王，是因为我们的综合能力比较强，我们有敏锐
的观察力、敏捷的反应能力、极佳的扑咬能力，这些决定了我们的王
者身份。然而，王者不代表我们就是完美的，我们没有羚羊的奔跑速
度但依然可能会抓到羚羊，靠的是综合能力而不是样样能力强大。没
有任何一点缺点的森林之王是不存在的。"

杰克这才明白，原来自己在追求完美反而被完美的表象给欺骗
了。从那以后，杰克再也不练习追过羚羊的奔跑速度了，而是积极磨
炼自己的各项本领，成为又一代的狮王。

完美易伤人，轻易不要去苛求。就如同文物鉴赏专家在鉴赏宝玉
时的标准之一，就是看宝玉之中是否有微小的瑕疵，如果没有，那极
有可能是假的。因为真正的宝玉极有可能会有一星半点的瑕疵，只有
人工仿制的赝品才会做得完美无缺。

执迷完美是一种狭隘。因为完美就好像是沙漠里在远方若隐若现
的海市蜃楼，如果为了去那里找水喝，怎么走都不会走到，最终必然
会像追日的夸父那样渴死。

所以，我们应该学会跳出"完美"的圈子，允许自己身上存在缺
点，这样才能有更完善的空间。如果一个人身上毫无缺点，那他一定
不是真实存在的。人生自有它的安排，就像是游戏一样，命运在不同
的岔路口决定了不同的结果，你所要做的就是选择走哪一条路，每条
路上必定有障碍存在，你不可能躲过每一个障碍，不要试图去找一条
没有荆棘的路，你的人生才算真的精彩。

2004年法国网球公开赛连胜17场的女选手维纳斯·威廉姆斯发表
自己的获奖感言时说："我觉得自己还不够努力。有时候，我的获胜

心太过迫切，有时候又不强；有时候我不愿意听从教练的指导和教训，而有时候我又会忽略自我的总结。我是这样一个人，讨厌在任何地方犯错，不仅仅指在球场上。"

这番获奖感言却与一位心理学家的研究背道而驰。加拿大不列颠哥伦比亚大学心理学家保罗·休伊特教授通过研究证明："苛求完美是一种病态的心理，十分不利于保持身心健康的。"

这位教授从20世纪90年代就开始研究人类心理上的完美主义，通过研究他发现，不管人们追求哪一方面的完美，他们都或多或少地存在着这样或者那样的健康问题：容易焦虑，常常感到沮丧，饮食不规律导致的消化系统紊乱等，这些都从身体健康的角度对完美主义者提出了警告。

这份研究结果告诉我们：不要一味盲目地追求完美，因为完美有时会害人。为了追求完美而使得人生多了更多的遗憾，岂不是太不值得了？

人们为了追求事业上的完美，总要放弃生活中的一些东西；追求爱情的完美，难免会和另一半生活在两个人的小世界里，丢失了美好的大千世界……想要得到什么，就总要付出些什么，这才是人生，没有真正的人生赢家，能够将一切都把控在手中，不错过任何细枝末节。要知道，追求完美的结果必定是不成功的，而且付出的代价也不是所有人都承受得起的。

追求完美是一种生活态度，但苛求完美就变成不听劝阻一意孤行的行事风格。我们提倡尽力追求完美，因为完美没有错，错的是苛求，得不到不罢休。凡事苛求完美，势必会影响最终的结果。完美不完美只要尽力即可，不要让苛求的结果变成与自己的期望背道而驰。总之，将完美作为一种憧憬和向往、人生的一种生活方式就好，别为了一己执念而放弃大好年华。

第四章 | 逼自己，在抱怨的时候

DISIZHANG

——与抱怨相比，任何困难都微不足道

抱怨是人对生活最可笑的反抗，也是人对命运最屈辱的妥协。人生再不如意，抱怨也带不来任何改变，不过是把你的灵魂一次次地在不如意中凌迟。与其浪费时间抱怨，倒不如逼着自己坚强，把那些用来抱怨的时间与精力投放到奋斗与进取上，任何困难便都微不足道了。

所有的不公平，都是因为你还不够好

生活中有太多的焦虑，有关年龄的、身体的、情感的，等等。只要有思想、有追求有比较，就会有焦虑。急剧扩张的城市中，焦虑也以极度夸张的方式扩展着、延伸着。只要是认真地活着，焦虑就如影随形。我们唯一所能做的，就是努力把焦虑变成动力而非压力。

有一位名人说过："生活中的事情，既非一切都是那么美好，也非一切都是那么糟糕，生活是由好与坏组成的混合体。"它或许没那么好，但其实也并不那么糟糕。所有的不公平，都是因为你还不够好，而你应该相信，你的潜力是无穷的，逼迫自己搏一搏，进步的空间还有很多。所以，若现在放弃，恐怕还太早。很多对世界做出过杰出贡献的人都曾被老师或他人认为在某方面不聪明。例如，因为做了好几个丑板凳而被老师讥笑的爱因斯坦，后来却成了世界闻名的大科学家。这就说明成功的标准不止一个，别人觉得糟糕没关系，只要你觉得还有希望，那么一切就都还有转机。

事实上，很多时候我们的生活乍一看阴云密布，但如果此时就自暴自弃，对自己的人生丧失信心的话，未免也太早了。等到雨过天晴，露出生活的本来面目时，你再想回头恐怕就来不及了。因此，富兰克林劝导年轻人，要排除极端情绪，这能帮助我们避免许多感情上的大风大浪和情绪上的大起大落，还会让我们保持对生活的热情。

苏格拉底开始和朋友住在一个环境恶劣、嘈杂的小屋子里，然而他并没有因此闷闷不乐，而是每天笑对生活。人们不解地问他为什么，苏格拉底回答道："这间屋子虽然小，但是我可以和我志同道合的朋友每天在一起学习、讨论，这有什么不值得我高兴的呢？"

不久之后，朋友们逐个找到更好的住所，便搬走了，这时苏格拉底依然笑对生活，没有因为朋友的离开而感到烦恼。人们便又问他为何这么高兴，苏格拉底说："我的朋友虽然都走了，但是我真挚的书友还在这里，这些书籍一辈子都不会离我而去，有它们陪伴，我又有什么不值得高兴的呢？"苏格拉底的聪明之处，就是从来不会从消极的方面看待问题，他懂得用智慧的眼光看待周围的恶劣环境，而不是一味抱怨。如果苏格拉底和世俗人一样，因为一点点不满而怨天尤人，否定自己的人生的话，那么他就不会如此快乐。

不管是顺境还是逆境，我们都要以最美的姿态活着，这样就不会令自己陷入极端的痛苦，从而才能发现生活的美好和幸福。请记住，心存希望，未来就有希望，心中若是阴雨连绵，生活就会跌入谷底。

在电影《监狱风云》中，名叫亨利的男子是一个笑口常开的人，没有任何事情能够破坏他的心情，没有人能以任何方式夺走他的快乐。当亨利被误判入狱时，所有狱官都看他不顺眼，常常找他麻烦。

有一次，狱官用手铐将亨利吊起来，这是一种令人非常痛苦的虐待方式。但是，亨利却没有大喊冤枉，也没有义愤难平，而是笑着对狱官说："你们对我太好了，谢谢你们治好了我的背痛。"

之后，狱官又将亨利关进一个因日晒而高温的锡箱中，本以为这样的折磨一定会让亨利痛苦求饶。可是，当他们放亨利出来时，亨利竟然还能在脸上挂上一个大大的笑容，说道："喔，拜托再让我待一天，我正开始觉得有趣呢。"

最后，狱官将亨利和一位重300磅的杀人犯古斯博士一同关进一间小密室。古斯博士心情抑郁，他的凶恶在狱中十分有名。然而，令人惊讶的是，亨利居然和古斯博士谈笑风生，还无比快乐地玩起了纸牌。

世界上没有绝对的坏事，事情的好坏往往只是由我们的心态所决定，自己的快乐掌握在自己手里。亨利只不过是选择了从好的角度来看待自己的处境，以快乐作为自己的守护神，而没有让自己的情绪受外在因素影响。

　　试想一下，在面对这些不公平的对待时，如果亨利郁结于胸，抱怨不断，那么会改变什么吗？不，不会，除了让自己沉浸于悲伤和痛苦，逼自己不停重复伤害之外，他无法改变任何事情，也得不到任何慰藉。所以，当遭遇悲伤的事情时，与其抱怨，不妨试着转换心态，让自己拥有阳光般的明媚心情。

　　生活中，我们不能因为一个孩子的顽皮就否认他的天真和可爱，同样不能因为一个人在某方面的缺点就否定他整个人。这是对别人应有的态度，更应该是对自己应有的态度。我们本身所拥有的就不多，因此自己更应该对自己好一点，不管处在什么环境，别人如何看待我们，我们自己都要善待自己，一切向前看，向好的方面看，人生才能走向好的方向，我们才能勇往直前。

　　就算人生路上有很多的坎坷荆棘，这都只是暂时的，不过是人生长河中的一处小小的浅滩。我们会在那里稍微停留一下，但不会久居，因为我们的目标永远是无垠的大海。所以，不要浪费时间抱怨，赶紧让自己强大起来，当你足够好时，世界也不得不向你微笑。那些曾经的不公平，终将会给你一个公平的审判。

习惯抱怨的人，就是在向自己的鞋子里倒水

如今，愤怒几乎已经成为很多人的生活常态。每一天，我们都能听到身边响起无数抱怨的声音，每个声音都在彰显着主人对生活的愤怒与不满。瞧瞧那一张张乌云盖顶的脸，听听那一声声狂怒暴躁的话语，人们的身上仿佛被绑上一个炸药桶，一不留神就会被引爆，伤着别人，也害了自己。有人说，人们之所以总是怨声载道，是因为生活节奏的加快和身上背负压力的增大。但事实上，环境固然会对我们造成影响，但追根溯源，根本性的原因还是由于我们缺乏一种平心静气的态度。人都是有情绪的，遇到不如意的事，难免心中会滋生郁气，可愤怒和抱怨又有什么用呢？事情已经这样不顺利了，我们还要不停地用消极的语言来助长憋闷的情绪，这无异于是在给自己的鞋子里头倒水，除了让我们更加行走得艰难之外，不会为我们带来任何好处。

有经验的船员知道，越是看似平静的水面往往越发需要格外小心，因为在下面蕴藏着巨大的力量；而那些看起来波浪翻滚的水面反而才是最安全的，这就是平静所产生的力量。人其实也一样，想要成就一番大事业，就要学会化解心中的怒气，用平静包裹郁结，在心平气和中将这些愤怒和抱怨都慢慢积蓄成向上的力量，鞭策自己不断前进，逼迫自己不断强大。

一位著名演讲家被邀请到一所大学去担任大学生演讲比赛的评委。所有的参赛选手在经过抽签确定了演讲顺序和演讲主题后，第一位选手表情很不满地走向了讲台。当听众和评委正准备听他演讲的时候，他走上讲台说："同学们，尊敬的评委，这是一场不公平的比赛！我领到这张纸以后，只有几分钟的准备时间，而在我后面的人则

有更为充裕的时间准备，这是不公平的！"

这位选手说完便走下了讲台。但是他的离开并没有影响到这次比赛的顺利进行。在这场比赛中，有人获得了荣誉，有人锻炼了自己。

比赛结束后，演讲家找到那个因为生气而拒绝比赛的男孩，对他说："你不要因为觉得不公平而生气抱怨，你想过没有，第一个演讲往往最能吸引评委的注意，而预留的时间少则是锻炼自己思维和语言组织能力的绝好机会。"

听了演讲家的话，男孩羞愧地低下了头，他意识到了自己的冲动与无知。

愤怒和抱怨是解决不了任何问题的，相反只会给事情添乱。只有那些能够控制并调节自己情绪的人才不会被自己的情绪所左右，这样的人才能以平静的态度生活在世上，才能获得解决问题的能力。很多时候，现状是我们无法改变的，但心态是我们有能力控制的。选择和生活保持一定的距离，不要沉溺其中，我们才能够始终保持着一份冷静。

有一位年轻人，在他每次生气或者和别人起争执的时候，他就会以很快的速度跑回家去，绕着自家的房子和土地跑上三圈。这样一来，他与其他人争执的次数越来越少。后来，这个年轻人逐渐变得十分富有，自家的房子和土地也变得越来越大。但是，他始终有一个习惯，那就是不管自己多么富有，只要与人争执生气，他还是会绕着自家的房子和土地跑上三圈，不会与人生气。

许多年过去了，当初能够绕着房子和土地跑三圈的人已经不再年轻。当他心情不好或者与人争执的时候，他还是一如既往绕着房子和土地走完三圈。他的孙子在他的身边恳求他："爷爷，你都这么大年纪了，附近已经没有人房子比你大、土地比你多了，为什么你还要这样做呢？"

当初生龙活虎的年轻人现在已经白发苍苍，他笑着对孙子说出了隐藏在心中多年的秘密："当我年轻的时候，每次我生气、郁闷，就绕着房、地跑三圈，我就一边跑一边想，现在我的房子这么小，土地也这么少，我哪有时间、哪有资格去跟人家生气呢？一想到这里，气就消了，我就把自己所有的精力都用在了工作上。然而到现在，当我心情不好的时候，我依然一边走一边想，我的房子这么大、土地这么多，我又何必跟人计较？这样，我的心又平静下来。我认为浪费时间去沮丧是完全徒劳的，所以每一天都过得很快乐。"

这就是生活中的智慧，用平静来取代怨怼，选用合适的调节方式让自己安静后会产生意想不到的能量。抱怨只会让我们不断重复痛苦，沉溺在负面情绪中不可自拔，从而限定我们自己的思维空间。除了加重沮丧情绪的影响，让人不断产生挫败的感觉之外，抱怨是无法给我们带来任何助力或改变的。习惯抱怨的人，只会浪费大量的时间和精力，最终得不偿失。

生活不是一件容易的事。已经如此不容易，那么，为什么不能尽量让自己快乐一些呢？我们无法让世事都变得顺遂如意，但我们可以让心态磨砺得宠辱不惊。心情是我们能赋予自己最美好的东西。有时，我们或许会不可避免地受到客观环境与条件的挤压，在这种时候，我们更应该逼迫自己迎难而上，用坚强与乐观的力量来与之抗争，而这种力量，正是源自于我们内在的修养和坚强。停止抱怨，保持对生活的热情，如此才能保持我们的自信、勇猛、毅力，保持我们对纯粹与彻底的向往。

每个人都会遇到一些不如意的状况，有时会让人抓狂，让人愤怒，也会让人很自然地与他人进行争执，抱怨不休。但是，愤怒、争执和抱怨又有什么用呢？如果自己只是一块平淡无奇的生铁，抱怨、争执都是徒劳，因为自己的价值还没有被认可。当你能把自己逼得锤炼成精钢以后，又有谁还能给你不公正的待遇呢？所以，与其浪费时间和精力抱怨，傻乎乎地往自己的鞋里倒水，倒不如勇敢一些、乐观一点。要知道，与抱怨带来的副作用相比，任何困难其实都是微不足道的。

有时间抱怨，不如逼自己坚强，上帝总会留下一扇窗

人生总有痛苦和磨难，你的遭遇或许确实比别人更艰难一些，但与其浪费时间不停地抱怨，倒不如抓紧时间，逼自己学会坚强和勇敢。天无绝人之路，无论何时，上帝总会留下一扇窗，哪怕绝处也会找到蕴含生机的地方。重要的是，你是否拥有持久的勇气和坚定不移的信心，让自己能一路披荆斩棘，冲破命运的桎梏，走向胜利的地方。

苦难是痛，却也是馈赠。钢铁，钢是由铁锻造，却不是铁。百炼成钢，没有经过无数次的敲打、锻造，铁永远只能是廉价的东西。这就像是我们人一样，不经过磨砺，永远无法成就大事。就算有成就大事的机会，也不会有成就大事的气魄。

在世界天文学领域有着突出贡献的开普勒是一个伟人，但在他成为伟人之前，却遭遇了无数艰辛。

从开普勒出生开始，苦难就找上门了。他没能在母亲的身体里待足10个月，仅仅7个月的时候就来到了人间。没有发育好的身体让他非常瘦弱，年少时经常疾病缠身。而他的父母之间又不和睦，总是吵架，让他的童年过得非常痛苦。

因为父母之间的关系，开普勒不得不和祖父母住在一起。不过这并没有让他逃离苦难。在他4岁的时候，开普勒得了天花，父母将他接回了身边，带着他一起去雷昂贝格，还安排他进入了一所拉丁文学校。看似幸运女神光顾他了，但事实并非如此，天花毁掉了他的容貌，让他变成了一个麻子。

不过开普勒并没有因为这样就感到自卑，他为了能够学习感到兴奋。他比同校的任何一个孩子都努力，加上他天生聪慧，很快就获得

了不错的成绩。可是接下来的猩红热又弄坏了他的眼睛。似乎每当生活好一点的时候，灾难就会准时找上门。但开普勒不信邪，他开始付出更多的努力去学习。

凭借顽强、坚毅的性格，开普勒的成绩遥遥领先于自己的同学。可是，后来他父亲因为欠债的关系，使得开普勒不得不离开学校，就此失去了珍贵的学习机会。或许是磨难让他的内心变得坚不可摧了，他并没有抱怨自己的人生，抱怨自己的父母，而是一言不发地开始了自学生涯。在自学的过程中，开普勒对天文学产生了浓厚的兴趣，他开始涉足这个领域。

后来，他凭借自己的能力得到了硕士学位，得到了第谷的赏识，成了他的助手，还出了自己的著作——《宇宙的神秘》。人生难得一知己，对于他而言，第谷是自己的良师益友，可就是这样重要的一个人，第二年也不幸离开了人世……

后来，开普勒的妻子也先于他去世，因为体质原因，开普勒时常受疾病困扰，可这一切从来都没能阻止他前进的脚步。最终，他终于发现了天体运动的三大定律，摘取了科学的桂冠。

喜欢抱怨的人总是太把苦难当回事，所以他们的生活中就只能看见痛苦；内心强大的人在困难面前则总是百折不挠，也正因为如此，所以他们总能找到那扇被上帝留下的窗，最终就连挫折和苦难都会为他开路。

或许你曾哀叹自己命运多舛，想要翻身却总有太多的阻碍。可是看看开普勒的人生，你还有什么好抱怨的呢？有人会说自己缺少资本，可资本是什么？健康的体魄就是资本，坚定不移的信心就是资本……人生本就一无所有，只有拼搏才能得到一切，没有资本不是问题，不肯自己创造资本才是问题。

伟人能忍常人所不能忍，所以才成就了伟业，你能经得起生活的反复折磨，你才能成就伟业。即便你没能站在世界顶端，也能培养出强大的内心，让你未来的路上不惧任何挫折。所以，别总是太把苦难当回事，翻不了身，不过只是因为你对自己还不够狠。人都是逼出来的，咬紧牙关，你总能找到那扇打开的窗。

没人不知林肯的大名，他是美国历史上颇有作为的一位总统。人们时常缅怀他，铭记着他做出的那些贡献。可是在他成为总统之前，这个世界对他似乎并不友好。

1832年那一年，林肯失业了。对于任何一个社会人而言，失业都是一个不小的打击。可林肯并不这样认为，虽然伤心，但他也相信这是人生的一个转折点，所以他选择了从政。当然，事情并没有他想的那么容易，在州议员竞选的过程中他失败了。就这样，一年之内他就遭受了双重打击。

政途受阻，林肯只得下海经商，可他似乎不是一块经商的料，短短一年的时间，他的公司就倒闭了。而为了这一次的失败，他经受了整整17年的折磨。因为在之后的17年里，他一直在为公司倒闭的欠债而四处奔波。

经商失败让林肯确定了自己从政的信念，于是他又参加了州议员的竞选，这次幸运女神似乎看到了他，给了他人生第一个转机——他竞选成功了。

在事业成功的同时，爱情也悄然而至——林肯遇到了想要相伴一生的女人。然而，幸运女神并没有在他身边过多驻足，或者是认为他拥有得太多了，所以在结婚前的几个月，她带走了林肯挚爱的女人的性命。

这种打击对于林肯而言实在是太大了，人生可以改变，但逝去的生命是永远无法挽回的。被绝望吞噬的林肯病倒了，几个月的时间都卧床不起，还患上了严重的神经衰弱。

林肯给了自己沉淀的时间，却不准备让自己就这样沉沦下去。在1838年，身体好转一些的他再次参加竞选，这次他想要参选州议会的会长，不过命运并没有因为可怜他而眷顾他，他依旧失败了。可林肯是经历过大风大浪的人，他相信，任何一次失败都无法将他打倒，都是他继续奋进的理由。未来的自己只有被真正地打倒，或者是真正的成功！

之后，他经历了无数次失败。

1843年，林肯参选国会议员，以失败告终；1846年，林肯二次参选国会议员，虽然成功，但两年任期过后在争取连任时失败，这次失败还让本不富裕的他赔付了一大笔钱；之后，他参选本州土地官员，落选，甚至还遭到了别人的奚落；1854年，林肯竞选参议员失败；1856年林肯竞选副总统被对手击败；1858年竞选参议员失败……

命运就像和他开玩笑一样，11次竞选中9次失败，可林肯从未倒下。最终，在1860年他终于守得云开见月明，成为美国的最高领导人。

林肯之所以是林肯，不是因为他的成就有多大，而是因为他战胜了生活中接连不断的打击和磨难。不断被击倒，之后又不断站起来的勇气不是所有人都能够拥有的。

如果给你林肯那样光辉的人生，你是否有勇气接受呢？铁矿石深藏山中，不经挖掘永远只是石头，经过提炼成了生铁，这个提炼的过程就好比我们接受教育的过程，这是大部分人都有的机会，但是否能成钢，就看个人的造化了。

想要成为了不起的人，就要经受一般人难以经受的磨难，有着比任何人都强烈的信念和内心。这样的人一定无往不胜，在任何情况下都能笑对人生，走出辉煌的人生路。

路是自己走出来的，你不敢前进能怪谁

漫漫人生路，命运总会想办法给我们安插各种各样的选择，不同的选择会让我们走上不同的道路。就好像玩通关游戏一样，每条路上都有不同的关卡等着我们，若不敢踏出那一步，我们将永远不知道前面有什么关卡、有什么奖励。当然，虽然人生与游戏有着相似的模式，但它终究不是游戏。游戏可以存档，可以重来，可以有无数次后悔的机会，人生却不可以。若是随意挥霍为数不多的机会，那么结果可能足够我们后悔了，自然，在人生这条单行线上，我们也没有任何从头再来的机会。

人生的路是自己走出来的，若你不敢前进，又能怪得了谁？你抱怨别人升职加薪，自己却不受公司重用，可别人在拼尽全力为自己打拼的时候，你又在哪里呢？你抱怨别人家庭和美，自己家却整天硝烟四起，可别人温柔体贴，用心维系着家庭关系的时候，你又在干什么？什么样的选择，决定了你以后过什么样的生活，什么样的付出，决定了你拥有什么样的收获。应该说，在我们每个人的生活中，都会面临很多选择，决定我们今天生活的，应是我们之前作出的选择；而我们现在的选择将会决定我们以后的生活。一个人的选择不同，就注定会拥有不一样的人生。

从前，有3个人同时被关进了一家监狱，监狱长允许他们可以各自提出一个要求。

第1个人由于喜欢抽雪茄，所以要了3箱雪茄。

第2个人由于最懂浪漫，所以要了一个漂亮女子与自己相伴。

第3个人，要了一部电话，说自己每天要和外界沟通。

3年时间很快就过去了，第一个冲出来的是那个要了雪茄的人，他的鼻孔里和嘴里都塞着雪茄,冲着人们大喊:"快点给我火,快点给我火!"原来,他当初忘记要火了。

第二个走出来的是那个讨了老婆的人,他的手里抱着一个小宝宝,漂亮的女子还拉着一个小宝宝,同时,她已经怀上了第三个小宝宝。

最后走出来的是那个选择了电话的人,他激动地握住监狱长的手说:"在这3年时间里,我每天都通过这部电话联系外界,才使我的生意没有停顿下来,并且利润还增至2倍,所以我对你表示深深的感谢,为表我的谢意,我要送给你一辆劳斯莱斯!"

我们不去辨别这个故事中人物的真伪,重要的是,我们要汲取其中蕴含的道理。确实如此,什么样的选择决定我们未来拥有什么样的生活。选择对于我们未来的生活起着重要的决定作用,当然,对于人生十字路口处的选择,更是决定着我们的命运。其实选择并没有所谓的标准,关键在于,我们是否作出了对的选择,是否能掌握住选择的伟大力量。在大海浪潮翻起的时候,我们是选择退缩,还是勇敢搏击风浪?在现实严峻情况之下,我们是选择放弃,还是勇往直前?在自己成为愤世嫉俗者之前,我们是选择展现自己的小聪明,还是选择一份善良?因为不同的选择,直接决定着我们是否能够战胜自我,是否能超越自我,是否能大获成功。所以,当你对自己的现状充满怀疑和不满的时候,当你张开嘴抱怨命运对你的不公的时候,还是先好好想想,当初的你是如何做出选择的。你的今天,不过是昨天选择的路。

作出选择并不是一件容易的事,因为在选择的过程中,我们的能力、胆识、见识等都在接受着不同程度的考验。有的人选择了做生意;有的人选择了卖图书;有的人选择了做时尚媒体;有的人选择了做培训,等等。不管选择走哪条路,涉足哪个领域,大家都想让自己扬眉吐气,风风光光。在人生的选择这件事上,对与错没有一个评断标准,区别只在于你更想过哪一种生活。总而言之一句话,只要我们作出的选择符合自己的性格与爱好，那么你所作出的选择就是正确的。

1994年，杰夫·贝佐斯萌生了要创立亚马逊的想法，那个时候，他30岁，结婚也刚刚有一年时间。

那时的现实情况是，互联网使用量以每年2300%的速度增长，杰夫·贝佐斯对此也是从来没有看到过、听说过。所以，一想到自己要创建涵盖几百万种书籍的网上书店，他就十分兴奋。

于是，杰夫·贝佐斯就将自己打算辞掉工作的想法告诉了妻子，并且告诉她自己有一天会真的面临失败，但妻子很支持丈夫去追随自己内心的那股热情，便鼓励他说："你应该放手一搏。"

那时，杰夫·贝佐斯在美国纽约一家金融公司工作，同事们也十分聪明，公司领导处世也很智慧。辞职后，杰夫·贝佐斯就将自己想在网上卖书的想法告诉了老板，他的老板随后带他去公司附近散步，谈了很久很久，并劝他再好好思考一下。

最终，杰夫·贝佐斯还是决定自己拼一次，并且表示，一旦自己失败了，也绝不会感到遗憾。就这样，他选择了一条在那时人们看来并不安全的道路去走。

如今，杰夫·贝佐斯已成为了亚马逊的创始人兼CEO，每逢想起当初的那个决定，他都为此感到骄傲和自豪。

是啊，如果选择了宁静，就意味着要过孤单的生活；如果选择了高山，就意味着要面临无数坎坷；如果选择了要成功，就意味着自己会经历很多磨难；如果选择了机遇，就意味着自己会承担许多的风险。不得不说，一个人的选择，直接决定着他将拥有什么样的生活。

无论是家庭还是事业，都串联着很多种的选择。我们都希望自己幸福，自己成功，但是付出艰辛的劳动，需要辛勤经营，还要看我们能否做出正确的选择。而选择是否正确，就在于我们是否满意自己的生活。更重要的一点，就是不管我们做出了怎样的选择，收获了怎样的结果，都不要抱怨，而要尊重自己的选择。无论何时，都要逼自己勇敢地走下去，拼命地努力，这样你才能拥有精彩人生。

不努力还抱怨连连，不是任性就是有病

行动是思想的体现，没有行动，别人永远不知道你在想些什么，日子久了，或许就连自己都不知道曾梦想过什么了。把梦想放在心里，会开出勇敢的花，但若一直不敢用行动灌溉它，这朵花迟早会枯萎。梦想经不起等待，尤其不能以实现另外一个条件为前提。梦想不在于有多遥远，而在于我们是把它供奉在心里，还是为了它的实现而采取了实际的行动。不肯行动，不去努力，却又一直抱怨梦想的姗姗来迟，这样的人不是任性就是有病！

在南美洲的亚马孙河边，青青的小草引来了一群羚羊，悠然地在岸边享受着美味。岂不知就在这时，一只猎豹隐藏在远远的草丛中，竖起耳朵四面旋转。它觉察到了羚羊群的存在，于是悄悄地、慢慢地接近羊群。在越来越逼近的过程中，突然，羚羊群有所察觉，忽地一下四散逃跑。猎豹像百米运动员一样，瞬时爆发，像箭一般地冲向羚羊群。它的眼睛死死盯住了一只未成年的羚羊，直奔它而去。

虽然羚羊飞也似的奔跑，但仍然跑不过豹子的腾跃。在这追与逃的过程中，眼看就要挨着羚羊群了，可猎豹却从一只又一只站在那里观望的羚羊身边跑过。它没有掉头改追这些更近的猎物，而是从头至尾都在使劲地朝着那只未成年的羚羊疯狂追去。

最后，那只小羚羊终于跑累了，豹子也累了。在累与累的较量中，最后比的就是速度和耐力了。终究，小羚羊的屁股被猎豹的前爪狠狠地抓挠了一下，羚羊倒下了，豹子朝着羚羊的脖子狠狠地咬了下去。

在猎豹眼里，它需要的是一天的口粮，于是它行动了，而且向着最初定下的目标行动了——一只弱小的羚羊。我们每个人的眼界都有限，无法将全部的风景都收在眼中，猎豹也是如此，因此它只看准最初盯上的那只羚羊，不管身边有多么接近、肥硕的羚羊，它都不忘初衷、目不斜视，直到最终盯准的猎物被自己踩在脚下。

都说心动不如行动，当我们着眼于梦想的时候，总会产生一种奋斗的冲动和激情，若是将这种热情投入到行动中，那么早晚有一天我们的梦想会照进现实。可若是不付诸行动，那么你的一切梦想都将只是幻想，永远存在一个你不存在的世界中。

我们追逐梦想的过程和捕猎的过程差不多，最初的梦想就是我们眼中的那只羚羊，有些人选择追逐，有些人选择幻想。选择幻想，不付诸行动的人注定会饿死在追梦路上，而选择追逐的人，也不一定总能成功。因为有一部分人在半路上被其他的风景诱惑了，这样一来，就无法专注于一个目标，使自己的梦想丢失在路上，但若是这个人有着猎豹一样的专注力，那么一切就不一样了。可如果从一开始你就不曾努力，或中途被别的风景迷了眼睛，那么即便现在一事无成，你又有什么资格抱怨连连呢？一切的果不过是你自己种下的因罢了。

新东方董事长俞敏洪说："每一条河流都有自己不同的生命曲线，但是每一条河流都有自己的梦想，那就是在转弯处奔向大海。我们的生命有的时候是泥沙，你可能慢慢地就会像泥沙一样沉淀下去了，一旦你沉淀下去了，也许你不用再为了前进而努力了，但是你却永远也见不到阳光了。"

戴尔·泰勒是美国西雅图一所著名教堂德高望重的牧师。20世纪60年代的某一天，他向学生宣布：谁要是能背出《马太福音》第五章到第七章的全部内容，他就邀请谁到西雅图的"太空针"高塔餐厅免费会餐。这太空针高塔高185米，登上高塔餐厅可以一览西雅图的美景。另外，那里的甜点也是孩子们向往的美味，可以说那是每个孩子都梦想去的地方。但是要获得这个机会并非易事，因为《圣经·马太福音》第五章到第七章又称"山上宝训"，是《圣经》中的著名篇章，有几万字的篇幅，而且不押韵，要背诵全文有相当大的难度。

但是有一天，一个11岁的学生胸有成竹地坐在戴尔·泰勒牧师面前，以孩子特有的童音从头到尾一字不漏地把原文背下来，没出一点差错，而且到了最后，竟成了声情并茂的朗诵。泰勒牧师惊讶地张大了嘴巴。要知道真正的教会门徒能背诵全文的也是少有的，更何况是一个孩子！

牧师不禁好奇地问："你是如何背下这么长的文字的？"

这个孩子不假思索地回答："我只是专心致志地去背。"

16年后，这个孩子成了一家知名软件公司的老板。

在人生的道路上，外在的客观原因起一定的作用，但个人的主观努力却是最根本的。那个孩子无论是对《圣经》的背诵还是后来他所取得的伟大成就，都得益于他的头脑中在同一时间段内只保持着一个简单的想法：集中精力努力做好眼前的事。那个孩子的竭尽全力向我们昭示了这样的道理：一个人如果能够把全部的精力倾注于目标，拼命地去努力，那么终究会取得优秀的成绩；相反，如果心中不专一、做事不专注，很有可能使与己有关的一切难以实现，最终虚度一生。

由此可见，实现梦想的唯一途径就是逼自己拼了命地去努力，投注极高的专注力的同时并付诸行动。荀子在《劝学》中说得好："蚓无爪牙之利，筋骨之强，上食埃土，下饮黄泉，用心一也。"古代棋艺高手弈秋教二人下棋的故事，想必我们早已耳熟能详。专心致志听讲的人肯定能够学到真本领，而一心想着射鸿鹄的人，能够学到一些皮毛就已经很不错了。做事的成败与难易，与底子的薄厚、力量的大小都没有决定性的关系。只要努力地向着目标前进，无形中就排除了那些纷杂烦冗的干扰，以最简捷的方式去达成最终的目标。

分散精力很容易一事无成。生活中很多人之所以没有实现梦想，大都是因为他们容易见异思迁，根本不曾真正为自己的梦想去拼了命地努力。如果不能将梦想转化成专一的行动，那么你的梦想将永远只是梦想，你又有什么资格再去抱怨，喋喋不休地发牢骚呢？

梦想是人生的翅膀，插上了，才能够远翔。人生的不同阶段，会有不同的历练和想法。但不论何时，你都应当记住，梦想经不起等待，若你一直站在原地，又怎能有资格再去抱怨命运和生活不给你优待呢？努力，付出，逼自己拼了命地奔跑、争抢，朝着一个方向不停地前进，唯有如此，你才能最终达成梦想。

把时间用去学习，这可比抱怨有用多了

有句话想必大家都不会陌生："活到老，学到老。"这句话其实就是在提醒我们，无论身处何种境地，都必须不断地学习，这样才能追赶上世界前进的脚步，不至于被时代洪流所抛弃。无论是刚刚走出校门的毕业生，还是已经磨炼了一段时间的职场人士，为了不断提高自己的竞争力，都要不断学习，充实自己。就像电脑一样，必须不断升级，才能跟得上时代，否则就会因无法运行某个软件而在职场、事业之路上"死机"。

学习是每个人的必修课，没有人可以例外。尤其是在工作中，我们更应该主动去学习，这样才能在竞争激烈的环境中胜出，取得优异的成绩。与其有时间去羡慕别人的优秀，有精力去抱怨别人的成功，不如把时间拿去学习，努力提升自己，要知道，这可比空口白牙的抱怨要有用多了！

尚未发迹前的本田宗一郎，曾在一家汽车修理厂做学徒工。他勤奋好学，很快就开了一家属于自己的汽车修理厂。

本田宗一郎自觉才疏学浅，他专程跑到汽车专科学校去做旁听生，只学知识，不要学位。从汽车专科学校学成之后，本田宗一郎成立了东海精机公司，后来改为本田技研株式会社，自任社长。

1936年，第一部本田汽车被制造了出来。其后，本田以赶超福特为目标，向世界一流汽车生产商学习先进技术，博采众家之长，推出了既省油又美观大方的新型汽车。

相比于如今高学历的人，本田宗一郎的起点可谓很低，他没上过一天大学，只是一名小修理工。但是，这并不代表着他不能超越那些条件优于他的人，因为他能够不间断地学习，拼了命地提升自己。

对于自己先天条件的不如意，本田宗一郎从来不曾有过任何抱怨，也从来不曾去羡慕过那些含着金汤匙出生的命运宠儿。因为他很清楚，抱怨或羡慕或嫉妒，都不能给他带来任何好处，更无法带给他真正改变命运的力量。

从确定了目标的第一天开始，他就开始了持之以恒地学习，在全球范围内不断寻找学习对象。正是凭着这股狠劲儿，他一次次超越自我，让自己变得越来越优秀，最终超越了强大的竞争对手，达到了人生的顶点。

我们生来就像是一个裸机，什么配件都没有，但是在日后，我们会通过学习不断充实自己。先天条件我们无法改变，对此我们可以说上天没有给我们好的条件。但若是经过漫长的一段时间后你仍在原地踏步，那么你就该反思自己而不是抱怨不休了。因为在这段时间，你没有为自己注入新的东西。

学习并不意味着上各种各样的培训班，实际上，学习的机会有很多。比如在工作中历练，在生活中发现，都是一个学习的过程。我们身边的每个人都有值得我们学习的优点，在这个信息爆炸的年代，我们处处都能发现机遇。所以那些为自己找理由不学习的人只是因为懒惰。若想成功，人们会尽可能地去创造学习的机会。所谓的天才，不努力最终也会一无所成，就像年少成名而老来平庸的仲永那样。比起羡慕天才，还不如将时间放在学习上，这样你才有成功的可能。

现如今，我们的社会正在向学习型社会转型，这对传统的学习观、工作方式、生活方式都产生着重大的影响。无论你身处哪个年龄阶层，学习能力都是不可或缺的，面对着时刻改变的环境，如果不能不断更新自己，那么你只能被甩到队尾，甚至面临着淘汰！不管你生活怎样繁忙，已经获得了怎样的成绩，都要知道，学习，是不能忘记的。

想要成功，仅仅凭借着先天条件是不够的，毕竟命运一开始给予我们的东西并不多，为了达到目的，我们必须自主地付出努力。这样你才有可能超越那些领先的人，才有可能在激烈的竞争当中脱颖而出，才能创造奇迹，远离一无所成、一无是处的窘境。

"泰山不拒细壤，故能成其高；江河不择细流，故能就其深。"细土慢慢累积才形成了泰山的高大雄伟，小小溪流合并才形成了江河的波澜壮阔。一切的伟大都在于积累，而积累最有效的途径就是学习。量变最终会带来质变，而学习实际上就是一个量变的过程，在学习中积累知识与经验，当这些知识和经验积累到一个程度，我们便能迎来突破与超越，在不断改造自己的同时，也不断地扭转着命运，改变着人生。

人生如白驹过隙，时间极其宝贵且有限，别把它浪费在对生活的不满与抱怨中，也别总愣在原地羡慕别人奔跑的速度。你应该做的，是逼着自己拼了命地奔跑，在学习中完成积累，实现突破。请相信，把时间花在这些更有意义的事情上，可比抱怨要有用多了！

也许世界不对你微笑，但你可以对它微笑啊

世界是一面镜子，你怎样对它，它就会怎样对你。如果你总是哭丧着脸，每天闷闷不乐，抱怨不休，世界就会带给你更多的苦闷。相反，如果你每天积极乐观地面对世界，让自己的内心充满欢乐、自信，让微笑总是挂在脸上，世界就会还给你一个又一个晴天。

笑容是自信之人独有的魅力，只有充满自信，才能在任何情况下绽露出笑容。笑容能够化解寒冰，自然也能帮助人们渡过困境。

世上没有绝对幸福的人，只有不肯快乐的心。让自己拥有快乐的心境，才会有战胜困难的决心，才会有面对人生的勇敢。常存一张笑脸，可以让我们的内心更加快乐、更加自信。自信又美丽的心会让我们平淡地面对一切挫折和磨难，更好地接受生活。保持愉悦的心情，可以让自己的精神状态更加出色，可以让我们更好地迎接挑战、解决困难，与此同时，生活也会回馈给我们以温暖。

在一个偏僻的小村子里住着一个小女孩。同其他的孩子不同，她天生就有口吃的毛病，这让她的生活有很多的不便。

她的同学总是以学她说话的方式嘲笑她，每当举办一些唱歌聚会的活动时，同学们都不会邀请她。

这些对女孩的打击非常大，但是她没有认命，她没有自暴自弃。相反地，她发誓一定要改变自己在别人心中的看法，一定要让自己变得更好。

她开始要求自己每天都保持自信的微笑，无论遇到什么事一定要让自己的脸上呈现出灿烂自信的微笑。

不久，学校组织了一次演讲比赛。女孩觉得这是证明自己的最好机会，她相信只要自己有信心，就一定会获得成功。

她开始每天练习演讲，虽然口吃，但是她还是非常认真地一字一字说着。无论多么困难，她依然面带自信的微笑。

功夫不负有心人，小女孩的付出终于有了回报。经过她的不懈努力，女孩居然一路过关斩将杀入了决赛。

决赛那天人山人海，很多人都来一睹演讲者的风采。轮到小女孩上场了，只见女孩笑容满面地走上了讲台。刚开口，台下就开始骚动了起来。一些人开始非常不满："怎么回事？口吃的人也可以参加演讲，竟然还进了决赛！"女孩不紧不慢的语速甚至让评委也有些不耐烦。

看到大家的冷嘲热讽和漠不关心的神情，女孩没有被打垮。出人意料的是，她露出了自信的微笑，向大家说道："我……信……自己的……能……力，请大家也要……相信……我……好吗？"

女孩自信又真诚的微笑打动了现场的人们，台下立刻安静了下来。女孩的声音再一次响起来。每个人都非常认真地听着女孩的演讲，他们忘记了时间，忘记了刚才的质疑和嘲笑。

女孩的演讲结束了，评委给了她很高的评价。台下的观众全都站了起来，为她送上了雷鸣般的掌声。

20年后，女孩早已不是当年那个说话吞吞吐吐的小女孩了，她成为一名著名的主持人，其机智幽默的主持风格让她获得了认可。当很多人问她的成功原因是什么时，女主持人露出灿烂的笑容说："无论遇到什么困难，无论什么时候都要让自己保持自信的微笑。"

在我们一无所有的时候，生活不会赋予我们太多的东西，这个时候，一切都需要我们自己创造。不管困难夺走了什么，微笑都是你有能力赋予自己的。没有人会冷眼对待笑脸，就算是困难也不能，在挑战面前微笑，在困境面前微笑，让微笑成为一种习惯，你就会发现，生活处处是鸟语花香，一切都会因为你的微笑而美好起来。

有一个小女孩，因为自己长相丑陋，所以感到自卑。平时她很少和其他的孩子一起玩耍，她的脸上也很少见到笑容。慢慢地，自卑的她变得自闭，几乎不与任何人说话。父母看在眼里，急在心上。为了让女儿变得乐观起来，父亲想尽办法。

有一天，父亲带她去参观两座庄园。当他们走进第一座庄园时，小女孩发现庄园里随处可以听到朗朗的笑声。五颜六色的花朵在阳光下十分鲜艳，不时有蝴蝶和蜜蜂在悠闲地飞舞着。在里面遇到的每一个人，都会热情地跟他们打招呼，并且送给他们真诚的微笑。

父亲看到小女孩嘴角露出了一丝微笑，感到非常开心，便问女儿道："你喜欢这里吗？"小女孩点了点头说："喜欢呀，这里的风景很美，这里的人也很热情、很亲切，就像家里人一样，我很喜欢。"

接着，父亲又把女儿带到另一个庄园里。这座庄园没有第一个庄园的鸟语花香，更没有热情好客的人。整个庄园显得死气沉沉，地上长满了蒿草，种植的花有好多都凋零了。庄园里的人见到这父女俩都面无表情，没有一个人主动跟他们打招呼。

参观完这座庄园后，父亲问女儿道："我们今天去了两个庄园，你愿意生活在哪一座庄园里呢？"

小女孩不假思索地说："当然是第一个庄园了，我很喜欢那里！"

"为什么呢？"父亲询问道。

小女孩说："因为他们每个人脸上都挂着笑容。他们给我阳光的感觉，让我感到温暖。而第二个庄园里的人却阴气沉沉，没有一丝笑容，这让我感觉很不舒服，生活在那里我会很难受。"

父亲满意地说："是啊，只有笑容才会融化我们心中的积雪，当你笑的时候，也就拥有了一座美丽的庄园。而这些笑容来自于对生活的感激，因为他们对人生充满自信，对人生抱着积极乐观的态度。"

小女孩恍然大悟，明白了父亲带自己参观庄园的用意。从此以后，她学会了笑对生活，她不再自卑，变得非常有自信，她的生活也越来越快乐了。

快乐的生活是自己创造的，脸上时常保持微笑，生活才会美好。从这个故事中可以看出，不快乐往往是由自己的内心决定的，其实小女孩仍然能拥有足够的理由使自己高兴和欢乐。在痛苦与困难面前，只要看得开，想得明白，让自己拥有足够的自信，让自己脸上泛起笑容，生活依旧是很美好的。

自信的微笑是我们战胜一切困难的必备因素，如果我们没有自信的微笑，我们就不会在磨难多多的人生道路上一路驰骋。像这个女孩一样，不要向命运低头，而是昂起自己的头，以自信的微笑去回击世界的挑战。

美好的事物总是会招人喜欢。对于人们来说，美貌是吸引人眼球的重要因素，但是这并不代表只有样貌才可以吸引别人的注意力。其实，容颜不必要多么漂亮才能吸引人，一个满面愁容的美女不一定会多么招人喜欢，相反，一个笑容灿烂的女孩，总能展现出最美的一面。

世界上最美丽的容颜是笑脸，它是一个人的生活态度，是人内心强大的真实反映，更是一个人热爱生活的写照。拥有一张灿烂的笑脸，世界才会明亮，人生才会精彩。

冲动是魔鬼，别总被它蛊惑

冲动是思想上的"魔"，冲动做事就会走火入魔，给自己和别人带来极大的损失和痛苦。人们常感叹："世上没有后悔药。"路是自己走出来的，可是为什么世人又对后悔药念念不忘呢？很大的原因，就是听凭一时冲动做了事，造成的结果再也不能更改。

生活中不难见到因为冲动而做出后悔事的人，那些法制节目中泪流满面、身穿囚服的罪犯，很多都是一时冲动犯下了错。虽然我们不曾犯过法，但细数过往，或许也有因为冲动而失策的时候。但是后悔是没有任何实际意义的，比起想办法补救，不如在一开始就遏制住，更何况，大多数时候我们都没有补救的办法。

刘备历尽艰辛，终于拥有了东西两川和荆州之地，创建了帝业。然而由于关羽的失误，荆州被东吴所夺，关羽也被算计杀害。

刘备听闻，悲愤交加，立刻要起兵伐吴，发誓要为关羽报仇。

赵云劝说道："当今的国贼是曹氏，并非孙权。曹操虽然死了，但曹丕却篡权自立为帝，神人共怒。陛下应该讨伐曹丕，而不是剑指东吴。倘若一旦与东吴开战，就不容易立刻停止，其他大计就无法实施。还望陛下明察。"

刘备心知这番话的道理，确是审时度势之言。然而，兄弟之情让他的心中已充满了复仇的冲动，一心向战。他对赵云说："孙权杀害了我的义弟，还有其他忠良志士。这是切齿之恨，只有食其肉而灭其族，方能消除我心中的仇恨。"

赵云再劝道："曹丕篡汉的仇恨，是大家的仇恨；兄弟之间的仇恨，是私人的仇恨。希望陛下以天下为重。"

刘备甩袖反问："我不为义弟报仇，纵然有万里江山，又有何益？"遂起兵伐吴，欲扫平江东。但最后落得个火烧连营、白帝托孤的下场。

刘备的这一决定显然不是建立在冷静的心态之上的，他已完全被自己悲伤和愤怒的情绪所控制，冲动办事。由此导致了他失去应有的理智，丧失了审时度势的能力。不但复仇未成，还把自己的性命赔上，而初有所成的蜀国帝业也受到重创。

这样的失败对于刘备而言，可以说是灭顶之灾。冲动办事的结果常常是彻底的失败，且越冲动，造成的损失越大。

刘备在冲动之下，没有认识到东吴根基已久，孙权善用贤能，上下团结，绝非如刘璋之辈似的软弱，同时北边曹丕虎视眈眈。在尚需稳定政权、巩固人心之时，只有联吴抗魏，方能长治久安。彼时的刘备眼前，只有义弟云长的身影，桃园之情、同生共死之义充满了他的内心，从而实施了伐吴复仇之计。其失败是注定的。

人与人之间发生误会是正常的，如果时时冲动，那么我们将一直生活在悔恨中。小到做人，大到治国，皆是如此。冲动会让人一时头脑发热，对周边的环境、对自身的现状都缺少客观而清醒的认识。如此，失败便是不可避免的。在关羽败走麦城、惨遭杀戮之后，作为兄长、一国之君的刘备，就因终究没能沉住气，一时冲动造成了无法挽回的悲剧命运。

冲动是魔鬼。人的感情已涌上心头，就会在一定意义上丧失理智，就会做出一些不理智的举动，明知不可为而为之。到头来只能是害人害己。

遇事多思考，说话多斟酌，做事别冲动，只有做到这三点，我们才不会被冲动的魔鬼蛊惑，让生活时时沉浸在后悔之中。古语有言："福兮祸之所伏，祸兮福之所倚。"很多时候，开头是好的，未必就一定会有好结果；同样，开头是坏的，也未必就一定不会迎来转机。所以，在做出任何决定之前，不妨先等一等，缓一缓，留一点时间给自己缓冲，也留一点空间让情绪平复，永远别在情绪激动时下任何决定。

如果你无法抑制自己的冲动，那么就让时间来抑制。当情绪上涌的时候，在心里默默地数几个数，先不去想这个让自己情绪沸腾的事情，直到时间让我们平静下来，一切才算开始。

物无美恶，过则为灾，控制好情绪，耐得住冲动。遇事沉得住气，才能使目更明、耳更聪，图谋远虑之举。

抱怨之前先沟通，你会发现，其实没那么复杂

你是否有过这样的经历：当遇到困难时，自己一个人想破了头也想不出解决的方法，别人不经意的一句话就会让你茅塞顿开；在你愁肠百结不知该如何解决难题时，可以请教有经验的人，人家的经验会让你少走许多弯路。这就是惊喜，它带给你的收益，绝非一次浪漫的旅游、一个开怀的笑话所能比的。或许化解一次危机，就会改变你的一生。

很多时候，其实情况并没有那么艰难，你以为你面对的是绝境，你以为眼前的事情已经无解，但人生却总会给你带来意想不到的惊喜，而这些惊喜往往都来自于与他人之间的沟通和交流。所以，开口抱怨，或绝望放弃之前，试着张嘴和别人沟通看看，也许惊喜就藏在这里。

虽然人生之初给我们的东西并不多，但语言是上天赋予我们的最好的礼物，因为有了语言，人与人之间便有了交流与沟通。如果我们将自己封闭在一个自我的小世界当中，那么我们无异于浪费了自己的才能。

不管是否和工作有关，不管这个人是否和自己有密切的联系，与其交流都是有益而无害的事情。只不过沟通交流也并非那样简单的事情，有些时候，我们所选择的方式不对，不但达不到预期效果，还会让事情僵化。

沟通本身就是信息和情感的交流，是人与人之间相互扶持、相互勉励的共享形式。当你和不同领域的人沟通交流时，你会得到许多以前从来没有听过的信息，这会增加你的阅历，拓宽你的眼界。虽然了解不深刻，但信息的种子是会发芽的，只要你种下了，哪天需要，它

就会破土而出，带给你意外的收益。

波兰北部城市埃尔布隆格有一家中型棉纺企业，戴维是这家企业的员工，工作在一线。虽然只是普通的员工，但他是个细心的人，他知道自己工作的工厂最害怕火灾，自己身处其中，不管是为企业还是为自己，必须要随时留意。盛夏的一天，工厂因为机器故障生产了一批次品棉纱，厂长为了工厂的名声，决定将这批棉纱处理掉，但因为忙于赶订单，这批次品棉纱就被丢弃在工厂的一个角落，暂时堆放起来，等日后处理。

次品棉纱堆放的地点附近有座废弃的玻璃外墙建筑，玻璃接受日照会反光，虽然不是很强烈，但每天反射在棉纱上还是非常危险的。这一现象被戴维发现了，他意识到潜藏的巨大危险，立即跑到副总办公室，进门后当头一句："那些废棉纱堆到那里很危险，弄不好会着火的。"

副总被这突如其来的一句话吓了一跳，他缓过神来，不高兴地说："如果我没记错的话，你叫戴维吧，这个时间你应该在车间里工作，而不是到我这里来大呼小叫。"

戴维着急了，更大声地说："我知道我应该工作，但那堆棉纱真的很危险。"

副总略带愠色地说："那堆棉纱有什么危险不是你该关注的，你的职责是回到车间里工作，快回去吧！完成自己的工作，小伙子！"

戴维还想继续说，但看见副总已经低下头翻看文件了，就没有再说下去，悻悻地回了车间。果然不出戴维所料，第二天，天气晴好，那批废棉纱在高温加反光的作用下起火了，火势蔓延很快，虽经消防部门全力灭火，工厂依然被烧毁了大半，损失极为惨重。

这起惨重的火灾其实完全是可以避免的，如果那位副总懂得沟通，能够和戴维平心静气地交流，问题是不难解决的。比如，戴维急匆匆跑进副总办公室时，礼貌地说："那些废棉纱堆到那里很危险，弄不好会着火的。"

副总平稳下心气说："如果我没有记错的话，你叫戴维吧，这个时间你应该在车间里工作，突然跑到我这里来找我，一定是有什么重要的事情。你刚刚提到了废棉纱，说说具体的。"

戴维缓了一口气，说："我看到那些废棉纱堆放的位置不好，附近竟然有一座玻璃建筑，盛夏的阳光很强烈，都被玻璃反射到棉纱上，很容易发生火灾，建议立即移动位置或者赶快处理掉。"

话说到这里了，那位副总肯定会有所认识，他不会任由危险发生的，那么工厂就会逃过这次灾难。可惜的是这是我们的预想，他们两个人并没有这样做，一个因为意识到了危险，所以显得很急迫。而另一个因为戴维的情绪而产生不快，也因为自己的面子受损，所以他"捂住"了自己的耳朵，别人说什么都听不进去。

想要拥有精彩绚丽的人生，就要从与他人沟通开始，这是开启你人生辉煌之门的金钥匙。沟通是一门艺术，也是成功者必不可少的一种能力。要想成功，没有人能够凭借一己之力走到最后，过程中我们总会需要别人的帮助。所以不要故步自封，浪费了自己的才能。不要让傲慢和自负控制自己，不愿听别人的意见，也不愿将自己的想法告诉别人，如果你的想法是好的，那么说不定通过与别人沟通你会得到新的灵感；若你的想法是错的，那么别人也能及时予以纠正。这才是人与人交流的意义所在。若是你只顾自己赶路，不愿与人交流，那么注定你会过庸庸碌碌、匆匆忙忙的一生。

当你还没有掌握高超的沟通方法时，你与他人的相处可能会荆棘密布，每走一步都险象环生，你人生的机遇也会在步履蹒跚间错失。当你掌握了高超的沟通方法后，你与他人的一切交际都将变得简单，每一步都有可能寻找到机会，你会受到大家的欢迎，机遇将源源不断向你涌来。

第五章 逼自己，在受挫的时候

DIWUZHANG ——你若不坚强，谁替你坚强

人生不如意之事，十之八九，你所遭遇的挫折只能自己来体会，无法推脱，也逃避不了。哪怕是再亲近的人，也不能替你扛起人生的大旗，帮你在这世上走一遭。所以，若不逼自己学会勇敢，谁又能替你坚强?

从来没有一条坦途，是通往梦想的路

　　人生从来不是一条坦途，通往梦想的道路总长满荆棘，每个人都期盼自己能一帆风顺。然而，世事偏偏不能尽数如愿。尤其是当遭遇生活的不公时，很多人无法适应，怨天尤人，整天活在忧郁之中，这或许能解一时之气，但也等于被生活击垮，更别提获得安然的生活方式了。每一个人都期盼着公平，但是绝对的公平是不存在的。上天眷顾的人只是少数，而我们只是那大多数中的一部分。既然这样，我们何必对那些不公平的人或事耿耿于怀呢？正确的方法是温和宽容、平心静气、以忍灭嗔，不被不公平所牵绊，思考如何更好地适应生活的不公，去创造公平。就连比尔·盖茨都曾慨叹："生活是不公平的，你要去适应它。"

　　普希金有一首短诗《假如生活欺骗了你》："假如生活欺骗了你，不要忧郁，不要愤慨；不公平时，暂且忍耐。相信吧，快乐的日子将会到来。"不要奢望自己成为上帝的宠儿，假如生活欺骗了你，给了你诸多不愿接受的现实，那么请接受普希金的忠告吧，不要忧郁，也不要愤慨，相信快乐的日子总会到来。

　　莎士比亚在很小的时候就接触到了剧团演出，他好奇一个小小的舞台竟能演出一幕幕变幻无穷的戏剧来，便暗下决心：要终生从事戏剧事业，当个戏剧家。但是，当时在英国戏剧工作是一个高级的职业，活跃着一批受过高等教育，而且在戏剧方面有些成绩的职业剧作家，他们垄断了剧坛，根本不许普通人进入。

　　为了更加接近戏剧事业，莎士比亚主动到戏院做马夫，专门等候在戏院门口伺候看戏的绅士。待表演开始后，他就从门缝或小洞里窥看戏台上的演出，边看边细心琢磨剧情和角色。回到家后，他时常模仿戏台上人物和戏剧情节，有声有色地演戏，他还发愤地翻看文学、历史等方面的书籍，自修希腊文和拉丁文，掌握了许多戏剧知识。

终于，莎士比亚等到了一个上台表演的机会。有一次，剧团需要临时演员，莎士比亚"近水楼台先得月"。由于出色的理解力和精湛的演技，他的表演得到了大家的肯定，不久就被剧团吸收为正式演员。之后，莎士比亚大量阅读各种书籍，了解了各国的历史和人民的生活百态。27岁那年，他写了历史剧《亨利六世》三部曲，正式进入了伦敦戏剧界。1595年，他又写了《罗密欧与朱丽叶》，剧本上演后，莎士比亚名震伦敦，成为英国戏剧界大师级人物。

面对周围不尽如人意的环境，莎士比亚并没有整天抱怨人生的不公平，而是从戏院最底层的马夫做起，努力学习戏剧知识，最终将现实中令人不满意的成分降到了最低限度，成为一名闻名海内外的戏剧家。

面对生活的不公平，每个人因自己的修养、意志、胸怀、境界的不同，会有不同的态度，会做出不同的反应。正是这种不同，造就了一个人和另一个人、一些人和另一些人的不同人生。换句话讲，一个人的生活未来和成长实现，主要取决的不是他如何面对公平，而是他在不公平环境中有怎样的表现。

有这样一种人——他们早已知道，生活中没有绝对的公平。当不公平出现的时候，他们不会愤怒，不会抱怨，也不会惊慌失措，而是把它当作人生必修之课去应对，必做之题去演算。而这样的人，最终一定会成为人生的赢家，因为对于他们来说，任何的挫折都不会是退缩的理由，任何的苦难都不会是放弃的借口。

蔡琰来自陕西山区的一个贫穷农村，专科毕业后为了谋生他来到西安一家大型企业做保安。最初，蔡琰感觉自己的工作不太受尊重，他一度很不服气："命运为什么这么不公平？凭什么那些白领们在干净优雅的办公室里办公，而我却要在风里雨里站岗？"不过，很快他调整了自己的心态，决心努力缩小与这些人的差距，之后他利用所有的闲暇时间来充实自己，他利用休息时间攻读英语、经济管理、社会心理等课程。由于什么都是从头学起，蔡琰学得很拼命，就算是坐火车回老家时他也拿着书在看。有时，看到周围的同事业余时间在看电视、打篮球，他心里也很痒痒，但他还是会咬牙学下去。

就这样，"蛰伏"了近三年，蔡琰通过成人高考考上了西安师范学院的经管系，他一边工作，一边学习。通过几年的认真学习和实践锻炼，他的个人能力得到了提高，并以全班第一的优秀成绩毕业。一毕业，他就被一家大型企业录用了，月薪比保安工作翻了好几倍，他已经是一名真正的白领了。

试想，如果你大学毕业后被分在基层工作，你一边愤愤不平，一边敷衍工作，那么你会有被升职的机会吗？恐怕没有，因为老板会认为你连最简单的事情都做不好，根本不会有责任心和能力去做更重要的工作。

是的，这个世界不公平，比起那些幸运的，天生就拥有雄厚资本的人来说，你的人生实在太坎坷了。可那又怎么样呢？你的愤怒和控诉能改变什么呢？除了逼自己去接受，去奋斗，你还能怎么样呢？当你对现实抱怨不已时，其实已经在心理上认同了自己的失败，甚至认为自己的环境是无法扭转的。可是，如果连你自己都不相信自己拥有逆袭的能量，又怎么可能有勇气和别人比拼？

出身贫困，没有高学历、没有关系，蔡琰面临了太多的不公平，但是他从来不曾抱怨和退缩，因为他知道，没有任何一条通往梦想的路，会是没有荆棘和陷阱的坦途。最后，凭着勤奋与坚持，他取得了令人瞩目的成功。

不要在公与不公上多计较，放弃抱怨和愤怒，接受不公平的现实，及时做一些更有价值的事情，把力气用在发展能量、提高自己上面，那么早晚有一天生活会给我们公平的回报。

接受逐梦之路上的荆棘丛生，认同世界的不公平，接受处于下风的自己，你才可能真正地改变。若是连正视自己的勇气都没有，你又怎么有胆量去拼搏？人生从不是坦途，充满跌宕起伏，挫折算什么，困难算什么，咬紧牙，逼自己一把，你若不勇敢，谁替你坚强！

收起你的玻璃心，碎给谁看呢

失败的人其实往往都输在一颗玻璃心上，受不得挫折，却不肯面对自己的缺陷。所以，当别人否定自己的时候，只会一味地辩驳、找借口，却从来没有什么实际动作。这样的人，连自己都看不清楚，无法面对自己的缺点，不能坦然看待自己的处境，又怎能抓住梦想的翅膀，敲开成功的大门呢？

哪怕路途不好走，哪怕到处都是艰难险阻，既然已经踏上这旅途，那就应当学会去适应当下的环境。坦然接受，才能有机会去改变生活，改变命运。

收起你那碎裂的玻璃心吧，在人生的道路上，没有谁能永远为你扛。与其浪费时间去伤春悲秋，倒不如卯足了劲儿，逼自己去努力学习，把短处变成长处，把缺点变为优点。要知道，在这个飞速发展的社会，不论身处职场还是在普通的生活中，人们都需要不断地学习和成长，以适应各种多变的环境。如果不逼自己努力，那么你就永远只能停留在原地，最后被别人赶超。

一个不能顺应时代成长的人是不可能在这个社会中发展得很好的。在任何一个领域中，我们都要以新生儿的姿态去学习，去逼迫自己不断努力，不断进步，不畏艰险与挫折，只有这样才能获得有用的东西，也才能真正地成长起来。

时间可贵、青春可贵、生命可贵、机遇可贵的道理并不复杂，所以赶紧收起你的玻璃心吧，别在那里浪费时间。梦想经不起等待，因为时间不会等你，青春也不会等你。别让人生中那些美好的事物，都在等待中搁浅。

在这个飞速发展的时代，知识更新同样是非常迅速的，如果我们不能逼自己不断成长，不断进步，不断提升知识和能力，那么总有一天，我们会失去立足于社会的资本和竞争力。要做一个知识广博、能力卓绝的专家并不难，难的是，是否能够对自己永远不满足，永远保持那股逼迫自己的狠劲儿。我们必须保持这股狠劲儿，不断给自己充电，汲取能量，才能在人生的道路上活力四射，越走越远。

在进入这家上市公司之前，李海涛在销售领域的经验几乎为零。一个偶然的机会，他成了现在这家企业的销售员。

由于毫无经验，一开始接触客户，李海涛就出状况了，他紧张得双手哆嗦、额头直冒汗，而且说话结结巴巴，没有任何条理，对客户的问题更是一问三不知。当时和他一起共事的同事们都开始嘲笑他说："这样一个没文化的农村人能卖出产品，见鬼去吧！"

面对别人的冷嘲热讽，李海涛没有妄自菲薄，而是毅然选择了坚持。他相信，自己终有一天会做得很出色的。至于怎么让自己提高，李海涛能想到的只有一个办法——勤能补拙，逼着自己拼死去努力。他暗下决心，就算是硬着头皮，自己也要从零开始，一点点学习，成为一个合格的销售员。

之后的日子，在工作之余，通过阅读一些在业界很被认可的销售方面的书籍，李海涛学到了一些知识，掌握了一些销售的门道。他迈出的第一步，就是"看着客人的眼睛"介绍产品。在和顾客的交谈中，李海涛总是努力让自己把话说得简洁、流畅，同时他不放过每一个可以向别人学习的机会。另外，每当同事在和客户交谈的时候，他都在一旁静静地听着，学习他们的销售技巧。

就这样，通过不断学习和实践，李海涛的业务能力得到了迅速提升。后来，李海涛所在的公司被竞争对手挖了墙脚，有一批业务精英离开了，但是他却没有舍弃公司，依然效忠于这个自己从零开始做起的"东家"。两年后，李海涛在该公司的销售队伍中脱颖而出，成了公司的顶梁柱。在年终员工测评活动中，李海涛当之无愧地成了该公司唯一一名"金牌员工"。在受挫之际,李海涛没有因为眼下的艰难和别人的冷眼就自暴自弃,自怨自艾,而是清醒地认识到自己的不足,并愿意付出自己大量的时间和精力去学习,不断鞭策自己。在工作之余,李海涛不仅自己买书苦读,还一直认真"旁听"同事和客户的谈话,逼自己将每一分钟都利用起来,正是因为具备这样的一股狠劲儿,李海涛最终才取得了成功。

通往成功与梦想的路从来都不好走,如果没有一颗强大的心脏,还不如就乖乖窝在平庸中做一辈子的白日梦好了。当我们想要去做一件艰难的事情时,心中都会涌上许多的恐惧和不确定,这是很正常的事情,毕竟艰难与挫折不论对于谁而言,都不是那么轻松的东西。但只要越过这个坎儿,你能抵达的,便将是一番全新的天地。

人其实往往比自己所以为的要坚强,每个人的灵魂中都铭刻着一种韧性,正是因为有这种韧性,所以渺小的人类才能一次次创造自己,超越自我。无论所处的环境是怎样的,咬紧牙关逼自己一把,然后坚持不懈地去努力和奋斗,迟早有一天,命运会向你展开微笑的脸庞,从此你的生活也会发生翻天覆地的变化。

要想成功,就收起你的玻璃心,这是一个充满激烈竞争的社会,没有谁会为你的脆弱而怜惜。你想成功,实现自己的梦想,登上人生的巅峰,就得让自己变得越来越强大,越来越勇敢。你要学会时时刻刻看到事情光亮的一面,积极乐观地为自己尽力争取,用自己的坚强挑战生命中的每一个艰难时刻,不怨不怒,无所畏惧地迈开前行的步伐。然后,你将以宽广的胸怀主动拥抱未来的成功。

坚持且坚强，才能走在别人前头

很多人听说过跨栏定理，它是由一位著名的外科医生提出来的，说的是横在你面前的栏越高，你跳得也就越高。也就是说，一个人的成就往往取决于他所遇到的困难。这位名叫阿费烈德的外科医生在解剖尸体时发现一个奇怪的现象：那些患病器官并不如人们想象的那样糟；相反，在与疾病的抗争中，为了抵御病变，它们的代偿性往往要比正常的器官机能强。

可见，每个人的身体里，其实都有着不屈的意志，每个人都有成为斗士的潜力，重要的是，在需要的时候，你是否能咬紧牙关逼自己一把，然后用坚持与坚强的姿态和命运抗争。

真正的勇士，敢于直面淋漓的鲜血和惨淡的人生。著名的数学家华罗庚曾说过："只有在逆境中挣扎过、奋争过的人才可以说无愧于人生。"如果遇见困境就退缩，就去找借口推脱责任，那么困境何时才能解决呢？

心理学家告诉我们：敢于直面困境的勇者，靠的不仅仅是一身蛮力，更多的是一种在实践中积累出的大智慧。具体问题具体分析，不要把责任推到别人身上，自己拯救自己。我们不仅要有直面困境的胆魄，还必须从困境中汲取经验和教训，踩着失败的肩膀，在困境中前进。

任何人走在人生路上都会遇到困难，有些人遇到的困难非常相似，但是不同的人在困难面前却有着不同的态度，这也就决定了谁是强者，谁是弱者。

一天枭碰见鸠。鸠说："你将去哪里啊？"

枭说："我将往东迁移。"

鸠问："为什么？"

枭答："这里的人都讨厌我的叫声，所以我才往东走。"

鸠说："你能改变你的叫声吗？你不愿意改变，你就东迁，你就肯定东边的人不会厌恶你的声音吗？"

枭在面临人们都讨厌它的叫声的困境时，选择了向东迁移，其实这就等于懦弱地选择了逃避。而最终无论枭迁徙到哪里，也都不会摆脱人们讨厌它叫声的窘局，因为它在为自己找借口，推脱责任。

当人们陷于某种困境时，周围的一切似乎都与自己为敌。这个时候，若是像枭一样躲避，解决不了任何问题，反正也没有什么可失去的，还不如努力想想怎样扭转现状实在。强者和弱者的分别正在于此。一个有勇气直面困难的人才算是勇者，才会成为强者；一个只会躲避的人永远都无法超越自己，更得不到理想中的成功。

上帝对每个人都是公平的，虽然福勒家境不好，但是他却有一个伟大的妈妈。一天，妈妈对小福勒说："福勒，我们不应该贫穷。我不愿听到你说，我们的贫穷是上帝的意愿。我们的贫穷不是因为上帝，而是因为你的父亲从来就没有产生过致富的愿望。我们的家庭中任何人都没有产生过出人头地的想法。"

妈妈的一席话让福勒受益匪浅，甚至可以说是改变了他的一生，让他彻底摆脱家庭贫穷的阴影，走向了一条成功之路。

妈妈告诉他不是因为上帝没有眷顾他们，而是因为福勒的父亲从来就没有致富的想法。于是，"我要致富"的想法深深地植根于他的内心。从此以后，他不再抱怨上帝，他觉得是自己没有努力。他记住"我要致富"的理想，只为了这个坚定的信念，他开始了自己艰辛而又坎坷的追梦之路。

一开始，为了以后经商和致富能有更多的经验，他在零售百货店里当了三年推销员，从小伙计开始做起。在当推销员的3年里，他不断地去调查和了解市场，看看哪些商品最畅销，消费者习惯买什么样的商品，在调查的过程中，他还结识了很多顾客。就这样，慢慢地，他开始决定自己创业，并把肥皂作为经营的产品。

另一段旅程要开始了，他拿着肥皂挨家挨户地进行推销。其间，他吃了不少的"闭门羹"，也受到很多谩骂和讽刺，但是在困难面前，他仍然没有退缩，遇见问题就想着怎么解决，没有抱怨，没有寻找借口。就这样，转眼间十几年过去了，虽然家里的生活一天天改善，但他并没有停止的意思。他想获得更大的成功。

功夫不负有心人，一次，他听说有一个供应肥皂的公司想要转让，他们的出价是15万美元。在这么多年的推销生涯中，他才攒了25000美元，可是他非常想买下这个公司。资金不够怎么办？而且还差很多，他想了一下："也许凭借自己这么多年推销中认识的客户和朋友，向他们借点应该可以，况且自己又赢得了不少客户的信任和赞赏。"于是，他开始行动起来，他亲自上门向这些客户求取贷款，同时靠自己的朋友支援。在几天时间里，他又筹集到了10万美元，还差2万多美元就可以达到目标了。他心急如焚，实在想不出什么办法了。

望着窗外的夜景，他沉默了。最后的2万多美元怎么办？他看着看着，突然发现，透过窗子，可以看到一束光，那里正是61号大街一幢大楼的一间办公室。他想这个人一定还在办公，要不然找他借这2万美元？没时间考虑了，他立即起身去了那间办公室。

他径直走向办公室，敲门之后才发现这是一个承包商事务所，里面确实有一位疲惫不堪的人在办公。福勒很勇敢地向那位疲惫不堪的人表明自己的来意，然后直截了当地问道："你想赚1000美元吗？"令他惊喜的是，双方很快达成了协议。

福勒兴奋极了，他终于按时拿到收购肥皂公司的合约了。很快，在他的经营下，公司迅速壮大。而后，福勒一鼓作气收购了七家公司，包括四个化妆品公司、一个袜子公司、一个标签公司和一个报社，拥有了股份和控制权。母亲的希望和福勒的梦想变成了现实！

就像福勒妈妈说的那样："我们是贫穷的，但这并不是上帝的缘故，而是因为我的父亲从来没有产生过致富的愿望。在我们的家庭中，从来没有一个人想到要出人头地。"每个不凡的人，一定有着常人难以比拟的坚强和勇敢，不管你面前的是怎样的困难，你都应该知道拼搏总不会比现在的境遇更差。

每一种厄运，都藏着让人成功的种子

送别时，人们常常喜欢用"一帆风顺"做最后的结语。但是，自然界的常识告诉我们：只有风帆直面风浪的时候，才会走得顺利。其实，人生中的挫折就是吹向风帆的风，只有坚持住，直面它，才有可能顺利前行。成功后不偏离最初的梦想，失败后不迷失坚持的方向，这也是一个成大事者的气度。

爱默生说："每一种厄运，都隐藏着让人成功的种子。"在一次次的挫折中，巴威尔没有被挫折打败，而是在挫折中找寻到了正确的方向。

温室里的花朵即便再鲜艳，它也没有经历风雨后的残花有魅力，一个不历经挫折的人，很难体会到百转千回后柳暗花明的喜悦。

出生在贵族家庭中的巴威尔·利顿爵士，原本完全可以凭借家族中的财富享受自由自在的奢华生活，但是他最终却选择了写作这样一个职业。众所周知，职业写作并不像外人想象中那样清闲，它完全是一个苦差事，还经常需要熬夜，所以当时他的选择遭受到了众多人的质疑。很多人认为他完全是哗众取宠，觉得以前没有丝毫文学才华表露出来的他只是为了满足自己的好奇心，体验一下生活而已。但是，只有巴威尔·利顿本人才知道他坚持这样做是为了什么。

经过夜以继日的煎熬，巴威尔终于创作了自己的首部诗集《杂草和野花》。然而，这部凝结着他心血的作品却被当时的文学界视为毫无价值。一位文学评论家甚至讥讽道："这就是真正的'杂草和野花'，巴威尔那个家伙还真是自不量力，以为凭一句'啊，美好的生活'就能够进入作家行列，实在是太可笑了。"

第一部作品的失败使得贵族出身的巴威尔成了当时文学界最大

的笑料，但是他并没有选择放弃，而是将他人的批评看作是对自己的一种激励。于是，他继续埋头创作，过了一段时间后，他的首部小说《福克兰》问世了，令巴威尔感到沮丧的是，这又是一部失败的作品。在经过这次的打击后，一些看不惯他的人对他的嘲讽就变得更加肆无忌惮了，认为他根本不可能在文学上取得任何像样的成就。

可是，连续两次的失败并没有让倔强的巴威尔消沉，他仍然笔耕不辍，坚持着继续写作。或许正是这种倔强让巴威尔的文字慢慢有了灵感，一年以后，巴威尔发表了自己的第三部作品《伯尔哈姆》，这部作品一经问世，就得到了广大评论家以及读者的好评，成为一本大家都津津乐道的好书。

从失败的阴影中走出来以后，巴威尔继续着自己的文学创作之路。在以后的写作生涯里，他又发表了许多优秀作品，并为广大读者所喜爱。

常常有人抱怨自己的一生不如意，总是遭受各种无端的挫折，而一旦陷入这样一个循环中，那么越来越多的不如意也就会不期而至。有很多人习惯将人生比作一场旅行，那些不经意经历的挫折，在很大程度上都可以看成旅行中的岔路，只有历经这些岔路之后，才能找到正确的前进方向。

当我们在荒野中迷失了方向时，应该感谢上天让你有了一份自救的能力；当我们在工作的时候，老板的训诫让你不再犯同样的错误。

熟悉瓷器行当的人都知道，绝顶的瓷器是有着灵性的，它体现的是烧瓷人的性格。而一位著名陶艺师以其二十年来对陶艺的坚持与喜爱，并不断地向前辈、大师学艺，历经无数次的挫折和失败，最终形成了独具一格的作品特色。

在陶瓷艺术中，这位陶艺师是一名十足的"痴人"，艺术已经完全融入了他的生命之中。他总是强调自己的名字中带有火字旁，他也很在意这个火，"都说炉火纯青才能让瓷器摇曳生辉"，与传统的瓷器烧制方式有所不同，他通过改变火在窑炉中穿行的过程来烧制别具一格的瓷器。

在材料方面，他也不同于传统的柴烧方式，而更多地运用燃气窑、电窑等多种方式来保证他想要的温度。特别是他最钟爱的小口瓶瓶口的直径只有0.1厘米，工艺难度非常高。根据这位陶艺师的介绍，这样的瓶子，通常来说，烧10个，其中的9个都会以失败告终。可正是因为这样的工艺难度，才让他往往要埋头于自己的工作室不断地寻求改进的方法。在他看来，正是这一次次的挫折让他不断地逼近完美，一次次的失败最终让他成型的作品散发着迷人的光辉。

这位陶艺师的成功是多方面的，除了看不见的天赋外，我们看到的是他的坚持。这种坚持来源于他对挫折的理解，来源于对成功信念的不放弃。即便烧制一个自己心仪的陶瓷作品成功率是如此的低，但他坚信自己能够有看到完美作品的那一天，最终他的作品慢慢接近完美。

完美本不存在，但你可以尝试接近完美。若是一心想着求稳，不肯努力，不肯直面挫折，你的人生就是一个随处可见的瓶子。但若你将这些挫折看作完美的原材料，最终你一定能创造出惊世之作！

怕什么，英雄往往都是从悲剧里诞生的

自然界中到处充满困难。物竞天择、优胜劣汰的规律，是残酷而无情的。人类社会同样遍布痛苦，新与旧、生与死、野蛮与文明无时无刻不在激烈地对抗、搏斗。我们从降生的第一天起，就不可避免地与各种困难做斗争。

人们总会不由自主地害怕黑暗，但是仔细想想，黑夜也会过去，更何况，有时想象出的各种可怕的事情，事实上多数不会发生，只是自己的想象而已。有人曾说：黑暗并没有什么好怕的，打开室内的灯，我们就能驱除内心的任何一种怀疑。要知道，有些时候，我们都是在自己吓自己。我们并不是被困难所击倒，而是被自己的坏心态打败了。没有人会喜欢困难，但既然苦难已经横亘在人生路上，就有它存在的价值。在人生路上，它的存在价值是给我们历练，让我们跨越，通过它不断成长。对于我们个人而言，它存在的价值就是被克服。

但是有些人误解了困难的意义，在苦难的阴影下失去自己，失去了对未来的希望，失去了对生活的信心，浑浑噩噩地度过每一天。但也有些人深知困难是成长的阶梯，所以在经历苦难的锤炼之后变得更加坚强果敢，更加无法被打倒和击败，在人生的道路上走得更加从容和自信。

美国作家斯蒂芬斯说："每场悲剧都会在平凡的人中造就出英雄来。"纵观历史，不同时代不同国度，确实有许多英雄人物都经历过不幸。比如《史记》的作者司马迁曾经被处以宫刑；《红楼梦》的作者曹雪芹家道中落，曾饱尝数十年食不果腹的贫寒日子；《命运交响曲》的作者贝多芬正值大好年华时竟两耳失聪。

困难是我们最好的大学。对年轻人来说，吃苦是成功必须要经历的。在大环境不景气的情况下，每个人都应有意识地培养自己的抗压能力和好心态，不要盲目夸大自己目前的窘境，尤其不能被想象中的困难吓倒。

真正坚毅的灵魂绝不会因为遭遇困难而沉溺于悲观。没人喜欢生命中晦暗的那一段，但就像说的那样，晦暗的日子只是一段。时间不是静止的，一切都会动起来，没有不散的阳光，更没有过不去的困难。

那些英雄在悲剧发生之前也曾是这个世界中的无名小卒，却是悲剧成就了他们，让他们的声名和光辉在他们的生命消逝百年之后依然被人们所铭记。这样的英雄，并不在少数。

米切尔本是一个身体健壮的青年人，但是悲剧在这一天突然降临，心情愉悦的他正骑着摩托车飞快地奔驰在一条笔直的公路上时，车祸发生了。

车行一半，当他习惯性地扭头看后方是否有车开过来时，没想到行驶在前面的大卡车突然刹车。电光火石间，来不及做任何反应的米切尔，为了保住性命，闪电似的将摩托车的把手压低，让车身侧倒滑进卡车底下。

没想到，就在这个危急时刻，摩托车的油箱盖突然崩开。悲剧不可抑制地发生了，油箱里的汽油溅洒出来，被摩托车和马路摩擦出的火花引燃。

当米切尔恢复意识时，全身70％面积都已烧伤的他已经在医院的病床上躺了好几天。伤口让他痛得不能动弹，甚至连呼吸都极为困难。但是，米切尔并没有因为疼痛而放弃求生意志，他不断地告诉自己："无论如何，我一定要活下去。"

很长一段时间，米切尔都生活在疼痛中。后来，他终于靠着坚强的意志力挺了过来，并且重新开始了新的人生与事业。可惜，命运又一次捉弄了他，因为一次飞机失事，米切尔的下半身从此瘫痪了。在接二连三的不幸的打击下，米切尔也会委屈地想要大哭，但更多的时候，他是斗志昂扬的。就是在激昂的斗志下，身有残疾的他在当时成了美国最活跃的成功人士之一，除了事业有成外，更进入国会。在1986年时，他还当上科罗拉多州的副州长，并且多次进行巡回演讲。在某次演讲中，他说："因为这些不幸经历，让我真正地体验到生命的成功与喜悦。"

对于苦难，大多数人首先想到的不是如何战胜它，而是感到害怕和恐惧。即便本身不算是太困难的事，也能被人想象成巨大的难以战胜的困难，从而产生恐惧心理，最终被想象中的困难吓倒。

人生没有过不去的坎儿。这个世界好像从来都离不开困难，凡是有人的地方就必定有痛苦的存在。这是因为人活着不光是自然与社会的主体，更是独立的精神主体。生离死别、恩怨情仇、失败成功等时时刻刻犹如蛛网一样交织在我们心头。

既然如此，我们何不把苦难当成一所大学呢？对怕苦者来说，艰难困苦是一个大大的包袱；对吃苦者来说，却能从中找到知识的财富。当我们能战胜苦难时，也就从这所大学毕业，获得了在社会中生存的资本。

年轻人会在生命的发轫之初遭遇诸多的不顺，但每个人都是在困难中成长进步的。困难给予我们的是勇气和财富。被人们称为"苦难大师"的美国总统林肯，几乎是在困难中泡大的，他先后经历了少年丧母、中年丧妻、老年丧子的重大打击，人生的道路上更是磨难重重，但他仍然坚强不倒。

天空不可能每天都是晴空万里、阳光明媚，我们的人生也会有阴云密布、狂风暴雨的时候。晴朗和阳光带给我们生命中的灿烂风景，而狂风暴雨带给我们勇气、毅力、坚韧不拔等种种美德。困难不只是折磨，更是考验，是将我们人生的原石琢磨成珍品的过程，一切困难都是为了让我们变得更加强大。困难就是我们最好的大学。主动走进这所大学，去迎接挑战而不是逃避，你就能在这所大学中修成正果。

"天将降大任于斯人也，必先苦其心志，劳其筋骨，饿其体肤，空乏其身，行拂乱其所为，所以动心忍性，增益其所不能。"当上天要将一件重大任务交给一个人时，定要先让他经历种种考验，以此磨炼他的心性，增添他原本没有的能力。困难是为了让人变得更强大，如果我们能从生活的每次坎坷中汲取前进的力量，就能够获得更加坚挺的脊梁，开创出崭新的人生。

哭完了，就爬起来继续伤筋动骨

莎士比亚说："聪明人永远不会坐在那里为他们的损失而哀叹，却用情感去寻找办法来弥补他们的损失。"

为什么有人会觉得生活很苦闷？那是因为他太将受苦当一回事了，也就是，太看重苦闷这种状态带给自己的影响。人们常说苦乐人生，人生中的苦难原本就无法避免。在遭遇到苦楚的时候，要学会用笑容去化解。

苦是人生的一种自然形态，有苦才能知道甜是多么的美妙。不过这并非所有人都能领悟得到的。有人习惯于将自己的苦难当作自己的不幸，四处跟人诉苦，不断地揭开自己一直没有愈合的疮疤，日子越过越苦，心里越来越苦闷。

受了伤就赶紧上药，想办法愈合，下次引以为戒，这次受伤也算有价值，总是在伤痛中辗转，一点不想着改变，这样的心态又怎么对得起自己受过的苦难呢？

蒲松龄19岁那年初应童子试，最终以第一名的成绩考中了秀才。他的文章深受当时的山东学政愚山先生的赏识。

但是没过多久，蒲松龄兄弟三个就分家了，而分家分得又不是很公平，他的两个嫂嫂能打又能抢，而蒲松龄的妻子刘氏非常的贤惠。在无奈之下，蒲松龄开始了自己长达45年之久的私塾教书生涯，而这种生活只能补贴自己的一些开销。到了30岁以后，因为父亲去世了，蒲松龄还要赡养他的老母。他穷到什么程度呢？"家徒四壁妇愁贫"。

在这种苦闷的日子中，蒲松龄并没有唉声叹气，而是选择了另外一条可以缓解自己压力、展示自己文学才华的道路，那就是写鬼怪小说，也就是我们熟知的《聊斋志异》。关于这本书的成书过程，有一个很有意思的传说，蒲松龄为了写《聊斋志异》，在他的家乡柳泉旁边摆茶摊，请过路人讲奇异的故事，听完后回家加工，就成了《聊斋志异》。

眼前的幸福都是过去的苦难换来的，不经历失去，就不可能明白拥有的珍贵。蒲松龄正是这样，他虽然得人赏识，却没能改变自己的生活，苦难一样降临到了他的头上，可是他并未就此放弃，而是选择勇敢地面对，经过几十年苦难的历练，最终成就了一番事业。

人生总会有苦痛，苦痛终究无法避免。当各种各样的挫折接踵而至的时候，当遭遇到别人冷言冷语伤害的时候，你有两种心态可以选择，一种是用眼泪来发泄内心的苦痛，另一种就是勇敢笑对苦痛，让自己的内心更加坚强。

有一位商人由于经营不善欠下了一大笔的债务，在得知他没有偿还能力的情况下，债权人纷纷前来讨债。巨大的压力之下，他的神经已经到了接近崩溃的边缘。无奈之下，他萌发了要结束自己生命的念头。

这时，苦闷至极的他想到了大学时期的一个哥们儿。他们曾经相当要好，只是随着商人在社会上不断打拼，与朋友们的联系也变得越来越少了，只是得知他在一个很偏僻的地方经营着一家小农场。

于是他历经辗转找到了那个农场。当时，正值盛夏时节，农场里种植了一大片西瓜。朋友见他到来自然是十分高兴，热情地摘了几个西瓜请他尽情品尝。

对身边的事物好久都提不起兴趣的商人吃过西瓜后对西瓜的味道赞叹不已，就顺口说了一句："种这些西瓜应该很容易吧。"朋友笑着说："四月播种，五月锄草，六月除虫，七月守护……有一年，就在收获前，一场冰雹来袭，打碎了我的丰收梦；还有一年，正当西瓜花大量盛开的时候，一场洪水让这一切都泡汤了……"

　　商人听完后，联想到自己的遭遇，不由得感慨了一声："真不容易呀！"朋友笑着回答："其实，和老天爷打交道吃一些苦头是再正常不过的事情。不经过风雨的西瓜，味道永远不是最甜的。"

　　商人若有所悟，一直紧锁的眉头也舒展开来。回到城市，他咬紧牙关，将这次的不顺和困苦当作人生的一场考验。最终重新崛起，成为一家现代化企业的老板。

　　每个人都是自己命运的主人，在一切顺利的时候可能体会得还不那么深刻，但是一旦遭遇到不顺甚至是打击，人们才会体会到乐观的心态所能够起到的重要作用。相信上帝，不如相信自己，相信意外的机遇，不如勇敢一点，坚强一点，笑对苦痛，让自己的内心慢慢变得强大起来。

　　当一个人的内心变得足够强大时，内心的焦虑和不安自然也就会消失。这样的人，注定会成就一番属于自己的事业。不过，内心强大起来很难，是要慢慢磨炼出来的。有一句话说："摔一次，站起来。再摔一次，再站起来。摔了若干次，就爬起来若干次。"强者就是这样练成的。

　　坚强不只是写在纸上的口号，而是树立在自己心里的标杆。磨难既然降临到自己身上，那么就要将这种苦痛当作自己成功的垫脚石，这才对得起努力拼搏的自己。

　　一位作家曾经说过："命运总是喜欢让伟人的生活披上悲剧外衣，并且在他们前进的道路上设置重重障碍，以便让他们在追求真理的征途中锻炼得更加坚强。命运戏弄着这些伟大人物，但这是大有裨益的戏弄，因为艰苦的考验总会带来好处。"

时间是良药，能让一切伤痛渐渐淡去

人生的低谷并不可怕，可怕的是我们沉溺其中，不知如何自拔。所以，当生命的浪潮涌来时，不要手足无措、以泪洗面，而是要让自己淡定下来。因为怨叹、悲泣、痛苦，都救不了你，它只会加深你的怨叹、悲泣、痛苦，让你坠落得更深、更惨。生命中真正的幸福来得绝不会一帆风顺，当你咬紧牙、忍着悲痛挺过去时，就会惊喜地发现：时间会洗刷掉你所有的悲伤。

人，其实都比想象中要坚强许多。做人要有一份淡定的心境，不管遇到了什么磨难，都不要抱怨命运不公平，也不要从此悲观绝望，厌倦世俗。在充满苦难的生命中，没有过不去的事，只有跟自己过不去的人；在人生的四季中，没有过不去的严冬，也没有盼不来的春天。

22岁那年，她大学毕业。就在她接到一家大公司的录用通知那天，父亲却突然因为意外撒手人寰。她悲痛欲绝，三天里不吃不喝，仿佛生活夺去了她所有的希望。她的世界变成了灰色，原本俊俏的脸上也写满了痛苦和憔悴，见者心碎。那时的她，绝不会想到，微笑与幸福还能与她结缘。可是，一年后的她，依然幸福地恋爱了；3年后的她，已经成了一个孩子最依恋的妈妈。她的生活，又变得灿烂多姿。

生命中亲近的人离开了，这固然是难以承受的打击。可每个人的人生都会经历这样或那样的痛苦，不幸不尽相同，心情却都相似。你可以给自己一段时间，尽情发泄心中的痛苦，但是过了这段日子之后，就要慢慢平复自己的情绪，如果暂时做不到忘记，那么请把这一切交给时间，它会帮你抚平创伤。你不要频频回顾，而是要相信，痛苦不是永恒的，它终有一天会过去，而快乐也终会重新找到你。

她是一位普通的农村妇女，可她的人生却像一本厚重的书。

18岁时，她结婚了。26岁时，她赶上日本军队在农村进行大扫荡。为了生存，她带着两个女儿和一个儿子东躲西藏。村里很多人受不了这种暗无天日的折磨，想到了自尽，她得知后总是劝慰说："别这样啊，没有过不去的坎儿，日本军队不会永远这么猖狂的。"

终于，她盼到了日本军队被赶出了中国的那天。可是她的儿子却在炮火连天的岁月里，因为缺医少药，缺吃少喝营养不良，最终病重夭折了。她的丈夫无法接受这个事实，一连在床上躺了几天。她心里也难过，却流着眼泪说："咱们的命苦啊，可再苦也得过啊！儿子没了，咱们再生一个，人生没有过不去的坎儿。"

过了两年，她又生了个儿子。可儿子刚出生不久，她的丈夫却因病去世了。这对她来说，真的是一个巨大的精神打击。很长时间，她都没回过神来，可最后还是挺过来了，她把三个未成年的孩子揽到自己怀里，说："别怕，娘还在呢，有娘在，谁也不敢欺负你们。"

她一个人拉扯着三个孩子，含辛茹苦，终于看到他们长大成人。两个女儿嫁人了，儿子也娶了媳妇，她逢人就乐呵呵地说："我说吧，人生没有过不去的坎儿，现在的生活多好呀！"

天意弄人，这个命运多舛的女人并没有得到上苍的眷顾。她在照看孙女的时候，不小心摔断了腿。因为年纪大了，做手术的风险太大，就一直没有手术，而她只能一直躺在床上。

儿女们都哭了，她却说："哭什么，我还活着呢。"

行动不便的她，没有一丝抱怨，她坐在炕上，戴着一副老花镜，安安静静地织围巾、绣花、做点手工艺品，邻居们来串门，都说她的手艺好，还纷纷要跟她"拜师学艺"。

就这样，她一直活到了87岁。临终前，她只对儿女们说了一句话："我走了，你们要好好活，人生没有过不去的坎儿……"

　　面对敌人的残害，她不屈服；面对生活的艰辛，她不低头；面对亲人的离去，她不绝望。她只是一个柔弱的农村女人，可她却有着一颗淡定而强大的内心，她始终相信：世上没有过不去的坎儿。她用自己瘦弱的双肩扛着巨大的痛苦与不幸，带着孩子们一步一步地走了过来。

　　人生来一无所有，离世时仍旧一无所有，来人世走上一遭，重要的是经历。有些回忆虽然让我们觉得痛苦，但看看眼前，一切都已过去。时间能够改变一切，自然也能治愈一切。即便留疤，也不会感到痛。人生有四季变换，时间一刻不停地在走，所以要相信，即便寒冬降至，也不会有盼不来的春天。

第六章 | 逼自己，在胆怯的时候
DILIUZHANG ——成功者不是比你会做，而是比你敢做

第一个吃螃蟹的人，未必是第一个发现螃蟹的人，而他之所以能比所有人都率先发现螃蟹的美味，就是因为他比所有人都更敢做。

敢于尝试，勇于开拓，逼自己战胜胆怯。许多成功人士其实都是如此，他们未必比别人聪明，未必比别人好运，但往往比别人更勇敢、更敢做。

在别人不敢去的地方，才能找到最美的钻石

失败和成功相伴，没有失败，人们就品尝不到成功的味道。然而，失败也和痛苦相伴，这才是人们所不能接受的。实际上，失败并没有想象中的那样可怕，如果你过度沉溺失败带来的痛苦和挫败，就永远找不到前进的方向。要知道，钻石总藏在别人不敢去的地方。

胆怯是因为惧怕失败，但其实，失败并不意味着一无所有，它也可以看作是人生的一个警示牌，通过失败总结经验教训，改变对策，重整旗鼓，才能以更好的姿态拥抱成功。在失败中善于做一个"淘金者"，才能找到自己真正需要的东西。

在古苏格兰，有个国王名叫罗伯特·布鲁斯。在他统治期间，周边的那些部落总是企图入侵苏格兰，虽然他率兵奋力抵抗，但还是有6次输给了侵略军。身为国王，屡战屡败让他的自尊心受到了沉重的打击。一个王者不能守护自己的国家，屡次输给别人，这种痛苦让他不能自拔。

罗伯特不愿再去想侵略者，他只想摆脱这种痛苦。一天，他在茅屋里休息的时候，偶然看到了一只正在织网的蜘蛛。这个小东西一次次地将蛛丝缠到对面的墙上，但是却一次次地失败。罗伯特数了数，这只蜘蛛和自己差不多，已经经历了6次失败了。但是这只蜘蛛似乎并不知道失败的痛苦，仍旧不断尝试。终于，在第七次的时候它成功了。

罗伯特看后深有感触，他想，一只小蜘蛛都知道不断尝试，不断调整自己，我为什么不能这样做呢？于是他不再逃避，重新分析6次战败的经验，终于在第七次的时候打败了入侵者，守护了自己的家园。

巴尔扎克说："挫折就像一块石头，对于弱者而言它是绊脚石，只能让人止步不前；对于强者而言，它却是垫脚石，让人站得更高，看得更远。"你眼前的石头究竟是绊脚石还是垫脚石，其实都在于你的选择，在于你是否能逼自己一把，在胆怯时鼓起勇气，踏出前进的步伐。

失败其实又有什么可怕的呢？大不了从头再来，一次失败不能否定你的能力，也不会让你变得比一无所有还要凄惨，只要豁出去，就可以战胜它！

看看那些伟人们吧，就算是刻骨铭心的失败，就算是深入骨髓的疼痛，他们也没有被这种阴影笼罩一辈子，因为他们知道，时间会让伤口愈合，时间会给自己反击的机会，时间，自会解决一切。

我国古代有两名了不起的军事家，分别是孙膑和庞涓，他们年少时一起跟随鬼谷子先生学习兵法。因为鬼谷子隐居山中，所以他们平时和外界接触的机会不多，同窗情谊变得更为珍贵，他们甚至以兄弟相称。

他们从师几年后，魏国国君开始四处招贤求才，庞涓本就不喜欢山中的寂寞，想着自己也是时候一展才华了，便拜别了鬼谷子，下山入仕去了。而孙膑则认为自己学艺不精，还有很多东西要学，所以依旧跟在鬼谷子身边。

庞涓下山那一天，他对孙膑说："我们是八拜之交，情同手足。若是我能够在魏国闯出一片天，一定上山来迎你下山，和我一同建功立业。"

就如庞涓预料的那样，到了魏国没多久，他就成了元帅，掌握了兵权。他率兵一次次地让周边的诸侯国臣服，名声大振。不仅人民拥戴他，就连魏国国君都非常敬重他。

就在庞涓建功立业的这段时间里，孙膑潜心研究兵法，有了突破性的进展，此时的他能力早已在庞涓之上了。魏国有人听说，马上报告国君，力荐孙膑。魏国正值用人之际，国君听说之后，便派人请孙膑下山。

听说魏国有人举荐自己，孙膑第一时间想到的就是自己的同窗庞涓，但事实并非如此。此时的庞涓因为功成名就，早已张狂自大了，他根本就没有想到过孙膑。当二人在朝堂上相遇之后，并没有预想中的那种感动，孙膑自是激动，但庞涓只是表面上的开心。他发现魏王很敬重孙膑，而在自己四处打拼的这段日子里，孙膑显然已经比自己更有能力了，他不愿意孙膑在自己的身边作比较，这样他迟早地位不保。

于是，庞涓假意让位，背地里却做起了手脚。他使计离间魏王和孙膑，让魏王误解孙膑，而他却装好人，一边安慰孙膑，一边又在魏王面前说他的不是。最终，孙膑被用刑削掉了膝盖骨。此时，孙膑才意识到自己被曾经的兄弟算计了。

庞涓陷害孙膑之后，并没有打算放他走，而是将他关了起来，想要套出他跟鬼谷子后来学的那些兵法。虽然被同窗陷害心里难过，但孙膑并没有沉浸在这种痛苦中，他不甘心就这样失败。为了出逃，他装疯卖傻，庞涓见孙膑已经疯了，料想也套不出什么有用的东西，便放松了警惕。

曾经举荐过孙膑的那个人不忍见孙膑过这样的生活，于是书信一封，将孙膑的能力和境遇报告给了齐国大将田忌。田忌觉得孙膑是个人才，就趁着庞涓不注意的时候救走了他。孙膑获救，为了报答田忌的救命之恩，也为了报仇雪恨，他开始辅佐田忌，不断进献良策。

最终，田忌和庞涓对战，孙膑用自己的计谋围困住了自大的庞涓，一雪前耻。而庞涓则因急火攻心，吐血身亡了。

不管怎么看待，失败都不会是一件快乐的事情，它会给人以挫败感，会给人各种伤痛。孙膑便是尝尽了这种滋味，明明是一个成功的军事家、谋略家，却被自己的同窗算计、陷害，甚至留下了终身无法痊愈的伤痛。但是他让自己的心愈合了，他相信，以自己的能力，绝对有反败为胜的机会，这次失败错在他看错了人、信错了人。所以在日后的对战中，他没有再犯同样的错误。

　　一条通往前方的单行道，你不可能有来回走的机会，在一个地方摔倒了，与其回忆这个不会再来的地方带给自己的伤痛，还不如想想在接下来的路上怎么避免相同的事情发生。你要相信，经历过失败的你比任何人都强大，失败不会将你打倒，未来更不会！

不敢行动，你只能活在恐惧和犹豫里

很多人看过电影《光荣之路》，讲述的是一名篮球教练哈金斯到一支成绩很差的球队执教的故事。哈金斯具有坚强的意志，他决心在NCAA（National Collegiate Athletic Association，全国大学体育协会）里闯出名堂，而且他的思想非常开明，并不以肤色区分天才。在他的篮球队里，需要的只是胜利。

在这一思想的指导下，哈金斯从校园中招收了一群非常有篮球天分的黑人学生作为自己球队的核心，开始了他艰苦的光荣之路。在最初的时候，这些球员不知道职业篮球和街头篮球的区别，而哈金斯总是不断地用梦想激励着他们不断前行。

在经过一段系统的训练以后，教练哈金斯坚定的信心感染了球队里的每一个人，这支混合了黑人先发的球队一路披荆斩棘，最终闯进了决赛。最后在马里兰大学著名的Cole Field House击败白人先发的肯塔基队，获得了1966 NCAA篮球比赛总冠军。这场比赛的结果成为美国体育史上最重要的几个事件之一。它不仅捍卫了黑人的尊严，更具有划时代的意义，因为它使得美国大学篮球正式进入了黑白共存的时代。

这并不是一个虚构的故事，而是在美国篮球史上的真实事件。这一事件从某种程度上可以说是重新定义了篮球这项运动。当然，推动这一切的就是梦想的力量。因为有梦想，教练才愿意接手一支上赛季只取得寥寥数场胜利的球队；也正是因为有梦想，在街头打球的黑人愿意承受大量的训练和众人的白眼；还是因为有梦想，最终在决赛中球队的白人运动员选择了服从教练指挥。

对于观影的人们来说，这是一个结局已经注定圆满的励志故事。

但对于故事中的主人公们而言，在故事发生的时候，谁也不敢保证最终的结果是什么。哈金斯的梦想并不一定成功，还有一种可能是失败，甚至后者的可能性要更大得多，毕竟他是在向一个极高的目标发起挑战。做出这样的决定之前，他必然也曾担忧过，恐惧过，犹豫过，他不是不谙世事的天真小孩，相反，他很清楚地知道这个世界有贵贱之分。然而，他最终依然决定展开这场冒险，因为他更清楚，如果不去行动，那么他永远只能活在恐惧和犹豫之中，永远没有机会触摸到自己的梦想。

人活一口气，这口"气"其实就是支撑人们能够不断走下去的勇气。当然，在现实社会中，任何故事都不一定能迎来一个好的结局，任何梦想也都未必通过努力就能实现。但可以肯定的是，不管成功的概率有多小，若你不敢去做，没有勇气去赌，那么即便是那小小的概率，你也永远不可能得到。

人生在世，可以被剥夺财富，剥夺健康，甚至剥夺自由，但是永远不能被剥夺的就是梦想。正如一句经典电影台词所说的："做人如果没有梦想，这样跟一条咸鱼有什么分别呢？"梦想是人生最重要的意义，是激励我们前行的勇气。

在实现梦想的过程中，可能周围的一切并不会十分的如意，可能会面临着意想不到的挫折和困难。而在这种困难和挫折面前，人不是按照背景和地位区分的，是按照坚持还是放弃来区分的。被现实打弯了腰不可怕，可怕的是那根支撑自己的脊梁已经折断。只有屡败屡战，斗志才会一次比一次更强大；愈战愈勇，信心就会一次比一次更坚定。

清朝名臣曾国藩组建的湘军在誓师出战太平军时，因这支新军大都是以其家乡的练勇为基础，招募的士兵多为质朴的农民，以当地儒生为军官，未曾受过正规的军事训练，故而两军初战时，湘军在岳州、靖港就连战连败。

曾国藩感到非常痛苦，几次试图投水自杀未果。

痛定思痛后，曾国藩决定重整旗鼓，企图与太平军展开最后的决战。后攻占武昌重镇，奉诏任湖北巡抚。其后，曾国藩率水师进攻九江、湖口。太平军翼王石达开率兵来救，诱使湘军水师的轻便快船先进入鄱阳湖，再一举封锁湖口，使仍在长江中的湘军的笨重大船成为难以移动的活靶子，再用火攻。这次战役使得湘军水师的数十艘大船被毁，曾国藩率残部狼狈退至九江以西，其座船也被太平军俘获。其间，曾国藩因指挥湘军与敌交战无功，原本在给朝廷的奏章中用了"屡战屡败"之语。但实际上最后让远在京都的皇帝与重臣们读到的却是"屡败屡战"。满篇陈奏虽悲壮却精神振奋，气度朗朗朝日。原来，是曾国藩的部下李元度见到最初的折子，建议改为"屡败屡战"，字无不同，但顺序如此一倒，则满篇精神大变，境界也就大不一样。果然，朝廷读完呈上来的奏章，只觉曾国藩及其率领的湘军精神可嘉，不觉其屡屡失败有罪。

更重要的是，正因为具有百折不挠的精神，屡败屡战，总结教训，才使湘军不断地走出逆境，不断地积小胜为大胜。曾国藩终率领湘军，会同左宗棠、李鸿章等指挥的部队，逐渐实现了对太平天国"天京"的战略包围，并在清同治三年（1864）六月，攻破了天京，取得了最终胜利。

从屡战屡败到屡败屡战，从字面上看只是顺序的不同，但是事实上却是有着天壤之别。"屡战屡败"，突出的是一个"败"字，说明战者无能，次次战败，让人产生对其能力的极大怀疑；而"屡败屡战"突出的是一个"战"字，说明战者勇猛，次次战败，但却次次卷土重来、不肯认输。

一个人，如果什么都不肯付出，那么即便是很小的目标，也不会有实现的可能；反过来说，如果一个人总是向着目标不断努力，那么即便开始时一无所有，最终也一定能够守得云开见月明。纵观古今，那些能够有所成就的人，无一不是在追逐目标的道路上走得十分艰难，但是他们最终都挺下来了。记住，在挫折与困难面前，不要忘记最初的理想，更不要忘记自己最初的样子，本就一无所有，失去也没什么可惜，但拼搏总比放弃得到得多一些。

不要胆怯，不要退缩，在梦想的照耀下，寂静的山谷里会有百合花的盛开，平凡的人生也会绽放出别样的光彩。在没有人为自己欢呼的时候，自己要懂得给自己加油；在没有人理解的时候，自己要做到坚持不放弃；在失败与挫折面前，自己要逼自己继续勇敢前行！

没有比害怕本身更令人害怕的事情

生活中，有人恐高，有人晕血，大家会觉得这是小事情，但是如果通过自己的努力可以直面这样的恐惧，将会使人一瞬间成长。恐高的人就去蹦极，晕血的人也完全可以通过自己的意志战胜恐惧。如果战胜了这些，你的人生中无论遇到什么样的恐惧都会被一一征服。毕竟这世上，还有什么比害怕本身更令人恐惧的呢？

恐惧是一种情绪，每个人都有，但恐惧也不仅仅是一种情绪，有的人经历过后就算了，而有的人却将恐惧转化成了心理的阴影，惧怕一切，躲避一切，最终勇气被恐惧吞噬，没有胆量去做任何事。

实际上，恐惧并不会因为你的躲避而离开，相反它会时时找上门，打压你、恐吓你，让你无所遁形，无从前进。但若是你无视它，用勇气迎接它，那么你们的立场就转变了，恐惧最终会被你压制。

一位资深滑雪教练在谈起自己的授课心得时说道："我在教学员们滑雪的时候，很多从来没有穿过滑雪板的人总是害怕自己从高坡上冲下去的时候，会因为速度过快而无法停止，或者害怕因此而摔倒。他们总是不停地在自己的脑海中想象着各种各样的可怕场面，因而形成了一种对滑雪的恐惧。到后来，他们就真的不敢滑雪了。通常这个时候，我会帮助学员们克服恐惧，方法非常简单，就是我亲自去实践他们脑海中的恐惧场景，并要求那些初学者在一旁观看整个实践的过程。也就是说，如果有人害怕速度太快而无法停止，我就会向他们演示在什么情况下是没办法停止的。最后再演示如何做就可以停止下来。"

这种做法非常有效，通过别人的演示而重现恐惧，我们就会明白所谓的恐惧其实只是我们自己想象出来的。实际上，那些事物的本身并没有我们想象中那么复杂。只有通过实际行动才能改变人们的思维，也就是所谓的"直接面对"。

大多数时候，人们的恐惧是因为自身的弱小而产生的。因为弱小，就会让人感到不安全，觉得自己的利益得不到可靠的保护。而利益是自身的一层保护膜，利益得不到保护，自身也就会感到不安全，并进一步产生恐惧。

所以在面对恐惧的东西时，多半的人都会选择逃避。但是你要知道，逃避并不能将恐惧彻底消灭掉，它依然会在不经意的时候跑出来困扰你，让你夜不能寐、食之无味。如果你愿意尝试去直面恐惧，你就会发现不一样的自己。

这是一个与世隔绝的小村庄，生活在这里的人祖祖辈辈都没有离开过这里，也从来都不了解外面的世界到底是怎样的。原来，村里唯一和外界联系的道路，被一只凶残巨大的怪物占据着。村里流传着一句告诫就是：无论如何都不要靠近怪物，要不然只有死路一条。

在保罗还是一个很小的孩子的时候，就常常会听到祖母的告诫："千万不要去靠近山里的出口，那里有着一个可怕的怪物。"然而随着年龄的增长，已经长成一个健壮小伙子的保罗却对外面的世界愈发好奇和向往。他开始一次次地计划着如何去打败那只怪物。

保罗拥有技艺超群的箭法，就算是村里的老猎手也比不上他。保罗觉得自己完全可以打败那只怪物了，但是他的这个想法却遭到了全村人的反对。他们觉得一直以来都和怪兽相安无事，保罗如果去挑战怪兽，势必会被怪物吃掉。

大家的阻拦并没有让保罗放弃，他还是想要去试一下。于是，等到了天黑以后，保罗趁着大家熟睡的时候，悄悄地带着弓箭出发了。

在快要到达山口的时候，保罗感到十分地紧张，他看到远处有个巨大的影子在不停地晃动，而且样子看起来非常凶猛。保罗的心里开始有点害怕了，但是转念一想，既然已经来了，无论如何都要试一下，于是，他勇敢地朝着怪兽走去。

可是，当保罗接近怪兽的时候却呆住了，原来所谓的怪兽只不过是一只蜥蜴而已。

因为村里流传下来的告诫："千万不要接近怪物，否则必死无疑。"村里的人从没有走出过大山。这是因为村里人对"怪物"无比恐惧的心理，后来因为保罗的勇敢才揭开了这困扰了祖祖辈辈的怪兽的真面目，只是一只蜥蜴而已。从此以后，村里的人也终于可以走出大山了。

生活中同样也是如此，知难而进是一种精神。如果只是因为听说，或者在模糊的印象中将"对手"无限扩大化，继而犹豫和恐惧感将会使自己备受困扰。恐惧的特征就像是一种尚未来临的危机，它往往寄生于尚未触摸到的将来中，往往人们对危险的惧怕要比危险本身更可怕。如果我们无法从自己内心中真正克服恐惧，那么这个阴影就会一直跟着我们，变成一个怎么也无法摆脱的噩梦。

这就好比对失败的恐惧一样，只是这样的恐惧除了来源于失败，同样也来源于其他方面。

在恐惧面前，你应该正视自己，增强自己的信心，沉着面对，这才是人生。想要获得生命中美好的一切，首先要做好准备，而不是心生畏惧。成功路上会有无数的荆棘，若是你连基本的勇气都没有，不要说成功了，前进都是不可能的事情。真正的强者从来不是天生就拥有超凡的能力，而是因为他们具有百折不挠的毅力和勇气。如果不想做一个懦弱的人，就勇敢地面对将要经历的一切。

王者荣耀，需要像冒险者一样任性得起

人生中没有那么多的"如果"，这一次过去了，下一次也就不一定会有。就像世界著名艺术家们每次上台都如履薄冰，努力练习，务求在观众面前呈现最完美的一面。那是因为他们深知，每场演出都是全新的，也是关键甚至是唯一的一次。

人生不能重来，不敢任性，机会可能就在犹豫中转瞬即逝了。有时，你必须像冒险者一样任性一些，才能抓住万分之一的机会，登上王者的宝座，享受胜利的荣耀。而胆怯与迟疑，带给你的，只会是一次又一次的错过。

"真的，人生没有彩排，每一天都是现场直播。"这是少年作家吴子尤的母亲柳红女士在儿子去世后的一次《生命的礼赞》栏目中所说的最后一句话。

的确，人生每天都是现场直播，没有排练的机会，也没有谁能一直站在原地等着我们。所以，我们在人生路上要时时保持行动，同时，也要珍惜现在拥有的一切，走好眼下的每一步，勇敢并谨慎于每一个开始。及时抓住能把握住的美好，生活才会无怨无悔。

吴子尤是一位才华横溢的少年作家，与李敖成为忘年之交。然而却在小小年纪横遭厄运，但直到生命的最后时刻，他依然如前，一直笑对人生。

2004年，因为胸腔纵膈肿瘤压迫神经住院治疗，手术后不幸失去了造血功能。从此，14岁的子尤开始了一场与病魔的持久战。经历了一次大手术、两次胸穿、三次骨穿、四次化疗、五次转院、六次病危，却以超乎常人的乐观心态度过着自己的花样年华。在2005年9月，一本记录他8岁到15岁成长过程的作品集《谁的青春有我

狂》出版。"青春是属于我的，标记着我激情的一月一年。人说青春是红波浪，那就翻滚着绘出最美的一线。眼前只有柄孤独的桨，握在手中就是把战斗的剑。我在这里写着刚有开头的小说，每过完一天就翻过一页；每翻过一页，又是新的一天。为什么我依然热爱考验？因为别人让天空主宰自己的颜色，我用自己的颜色画天。"

终究，写下上面这首如歌诗句的作者，于2006年10月22日去世。

事隔许久，子尤的母亲柳红女士在一次电视栏目《生命的礼赞》中被邀为嘉宾。其间，朗诵了这样的一篇文章：《珍惜生命》。

那是2005年8月的最后一天，在北京大学百年讲堂的开学典礼上，子尤从轮椅上起身，向他所在的中学校友讲了一番话。结尾时，他用力而深情地说：'要珍惜呀。'我知道他说的是珍惜生命的意思。那时候我们在生死线上，可是他依然有他的追求和向往，兴致勃勃地走在他自己的道路上。他对我说，我每一秒钟都和上一秒钟不一样；他总结自己的生活是一路快乐美好。他说，是舒服，是享受；他还说，我活得欣喜若狂。

我和子尤经历疾病和死亡的日子是一个理解和实践珍惜生命的过程，我们懂得了珍惜生命就要珍惜生命的价值，尽其所能做有意义的事情。有意义的事儿，可大可小，可多可少。做，一定比不做好；多做，一定比少做好；今天做，一定比明天做好；持久地做，一定比半途而废好。

我们通常认为：人生如台历，撕去旧页，新页展开；每天如彩排，今天过去，还有明天；一遍不满意，可以再来。其实昨天已成为过去，明天尚且未知；当下稍纵即逝，不复重来。如果把每一天都当作生命的末日来过，我们会更加珍惜更有意义的人生。而什么是有意义的人生呢？这真是需要我们沉下心来好好想一想的问题。人们常常忽视自己的内心、身体、亲人和孩子的想法。不注意春夏秋冬花开草长，不注意音乐旋律的升降变化。特殊的人生际遇使我有机会接触了很多癌症患者，每一位走近生命尽头的人，都想再看一次星星，再凝视一次海洋。而多少住在海边附近的人，他们却懒得看一眼。每天晚上有多少人会仰望星空？谁又真正用心去品尝、触摸生命，去感受平凡事物中的不平凡？

以前我也浑然无知、不去思索，直到变故降临，彻底改变了我的生活，才开始思索。我从中学到了很多很多，我学会了享受过程，而不是结果。我愿意告诉人们，看看田野里的百合花，摸摸婴儿耳朵上的绒毛，在庭院的阳光下阅读，与朋友分享你的喜怒哀乐。真的，人生没有彩排，每一天都是现场直播。

的确，人生每天都是现场直播，没有排练的机会，也没有谁能一直站在原地等着我们。就如中国台湾作家林清玄的散文中所讲："生命最有趣的部分，正是它没有剧本，没有彩排，不能重来。"人生而偶然，死亦必然。我们登上生命的舞台，与自己的肉体相逢于人间，这便是一种缘分。

青春不再重来，爱亦不会重来，生命更是没有重新来过的机会。眼前有的景，我们要去看；手里有的福，我们要去享。生活中有很多简单的平淡，如水扬清波，如风过疏林，但每一个却都是心头的日子，潜着香，藏着甜，是我们自己真正活过的一天。

如此，我们便要有抓住这一次的决心，以及无怨无悔的气魄。当然，仅有这些还不够，我们要谨慎前行，虽然有时难免会做出一些后悔的事，这无可避免，但若能保持小心谨慎，失误的概率就会大大下降，我们才能迈出无悔的步伐。

被嘲笑的人，从不是失败者，而是懦弱者

心理学家曾经做过这样一个实验，将两辆外形和使用程度完全一样的汽车停放在同一个车场，打开其中一辆车的引擎盖和车窗，而另一辆则保持不动。结果发现，打开车窗和引擎盖的那辆车在3天之后就遭到人们的破坏，变得面目全非，而另一辆车则没有什么变化。这时候，心理学家将完好的那辆车的玻璃打碎一块，仅仅一天之后，所有的玻璃都被别人打碎了，东西也一点不剩地丢光了。

根据这个实验，心理学家得出了著名的"破窗理论"。这个理论认为：人们认为那些坏的东西即便是让它再坏一点也无妨。而对于完美的东西，所有的人都会发自内心地维护它，不愿主动破坏；而对于那些残缺的东西，大家则从来不会在意。

人们也曾经用"破窗理论"在一座城市里做过相类似的实验。

在一条一直非常干净的街道上，实验者们扔了一些生活垃圾，然后刻意不去打扫它们。过了几天，整条街道就被铺天盖地的垃圾堆满了，碎纸片和塑料袋漫天飞舞。同时，人们把另一条街道打扫得一尘不染，并且随时打扫，让这条街道时刻保持清洁。过了一段时间，人们发现，这条街道即使不去打扫也会保持整洁，总会有人主动把散落在街道上的垃圾扔进垃圾箱；如果碰到他人往地上乱扔垃圾，还会有人制止。

没有比自己放弃自己更可怕的事情了。你觉得自己的梦想是可以实现的，眼前的困难是可以克服的，时间久了，别人也会通过你的信念相信，但若是你选择破罐子破摔，那么有可能别人还要踩你一脚。

若想赢得尊重，赢得成功，你就要永远保持积极向上的心态，永不自暴自弃。

广告词说得好，"一切皆有可能"。这个世界充满了奇迹，只看你是否有勇气去创造。伟人并非一开始就是伟人，在他们成就伟业之前，总会经历很长的一段蛰伏期，在这段时间里，他们会承受无数的质疑和偏见，甚至是侮辱。但不管别人怎样看待他们，就算把他们当作疯子，他们也当自己是天才，相信自己的未来，正是有着这样的心态，才能坚持到最后，创造奇迹。人要相信自己、珍惜自己，别人才会相信你，敬重你。生活中，有的人在经济上、生活上或名誉上遇到一点点挫折时，就感觉承受不了，然后自暴自弃，要么逃避，要么就破罐子破摔，甚至走上报复社会的道路，认为所有人都对不起他，这些人其实就是输不起的懦夫。其实，挫折并不能打倒我们，真正打倒我们的是自己消极的心态。你觉得不可能，那么世界充满了不可能，你觉得一切皆有可能，那么你的世界便充满奇迹。

现年18岁的女孩道恩·罗根斯，出生在美国北卡罗来纳州罗恩达尔市。她出生在一个非常贫困的家庭，她和哥哥肖恩从小就跟着染有毒瘾的继父和他们的生母四处流浪。在大部分时候，他们一家人都住在没有水电的破旧房子里，只能在公共厕所里洗澡，点蜡烛念书。

有一天，罗根斯向学校老师去借蜡烛，人们才发现她的悲惨生活。由于家里没水没电，所以她和哥哥要走20分钟的路去打水，而且经常连续两三个月也不能洗澡、几星期穿同一套衣服到校。小的时候，罗根斯根本不知道自己的生活和别人有什么区别。只记得同学们给她取了个外号叫"脏孩子"。直到初中时，同学们仍然这样叫她。

更不幸的是，过了不久之后，罗根斯的父母突然扔下一双儿女悄然失踪，罗根斯和哥哥从那以后就成了没爹没娘的孤儿。由于父母的失踪，罗根斯和哥哥连一个家也没有了，兄妹俩每天晚上只好去朋友家借宿，睡在人家的沙发上。让人钦佩的是，身处逆境的罗根斯并没有因此而自暴自弃，在如此艰难的情况下，她依然坚持完成学业。

后来，罗根斯以优异的成绩考取了哈佛大学。罗根斯的事迹也被搬上了新闻，不少人都为之动容。在经历了人生的种种考验之后，罗根斯说："没有任何借口能让你自暴自弃，一个人必须尊重自己，而后才能得到别人的尊重。"

恐怕我们不会再遇到比罗根斯更倒霉的事情了。所以，我们就更没有借口去自暴自弃了。或许你的生命中也有些不完美，但是你不必为此感到难堪，你应该意识到，自己也有别人所没有的才能。如果你因为一点点的坎坷和不幸就陷入自弃当中，就不要指望获得他人的尊重，更不要指望能赢得人生了。因为从你放弃努力的那一刻起，你也在向所有人宣布，你是个彻头彻尾的失败者。

有人害怕事业失败，有人害怕人生失败，其实这样或那样的失败都是可以通过不懈努力扭转的，就像有人说的那样："这世界上没有永远的失败！我宁可一千次跌倒，一千零一次爬起来，也不向失败低一次头。"有这种想法的人一定不会永远与失败相伴。但如果你因为这一点点的失败就自暴自弃了，恐怕就会从此失掉人生，因为自暴自弃是人生最大的失败。

勇敢拼搏的人，即便结局是失败的，也会获得他人的尊重。请记住，真正让人们嘲笑的，不是失败，而是懦弱。生活或者事业不可能事事如意，通往成功的大道上会遇到许多障碍，但只要不被失败打倒，不气馁，持之以恒，始终坚定如一，最后一定会有翻盘的机会。但如果连自己都放弃了，懦弱退缩，你就注定只能成为彻头彻尾的失败者。

一无所有，是最大的财富，也是最大的勇气

一位记者在以色列采访时，从外交官到商贸工部官员，再到成功的企业家，都众口一词地说了这样一句话："我们成功的秘诀，真的就在于我们一无所有。"

这句话其实不算谦虚，从经济社会发展的自然条件来看，以色列真的可谓是"一无所有"。国土面积小，国土资源质量也不高。他们没有邻国引以为豪的石油，有的却是占国土面积一半以上的沙漠和半沙漠地区。

可是，贫瘠的自然资源让以色列人更加重视发挥人的作用。他们把科技作为立国之本，注重科研成果在经济社会发展中的转化，在各个领域都体现出高科技含量和精细化经营。比如，以色列严重缺水，但他们的节水灌溉和旱作农业技术却因此而举世闻名。废水复用、人工降雨、海水淡化等非传统水资源的开发利用也相当成功。在水资源管理的很多具体细节上，都做到了世界最好的水准。

在我国也有不少地方资源稀缺、信息闭塞，用传统的眼光看，可谓是"一无所有"。但如果能像以色列一样，充分发挥人的智慧和能动性，把"一无所有"变成自身发展的优势，同样会推动经济社会的健康发展。比如浙江温州，人多地少，缺少自然资源，但温州人却创造了以加工制造业和民营经济为特色的温州模式，成为全国发展的楷模。

可见，有时拥有的东西越多，我们的拖累反而也就越多，开创新的事业时需要放弃的东西也就越多，而不少人就因为难以割舍，从而空幻想一场。相反，那些一无所有的人，却更能够背水一战，勇往直前。

从辩证的角度看，"优势"和"劣势"是对立统一的，相互依存又相互转化。从来没有绝对的"优势"，也没有绝对的"劣势"。比如资源丰富的地方，往往产业结构单一，经济对资源的依赖性较强，反而限制了其他产业的发展；而资源缺少的地方，往往却能形成一些对资源依赖程度小的可持续发展的产业。

所以说，"一无所有"在某些时候也是一种优势。正是因为一无所有，才会有那股甩开膀子放手干的豪爽气概，有不顾一切的内在驱动力，这也是改变命运的关键之所在。

许多时候，我们并不是跌倒在自己缺乏的弱项上，而是在自以为有优势、绝不会出任何问题的地方出了差错。往往，弱项和缺陷能让人保持足够的警醒，而优势则容易让人忘乎所以。在困境之中，大多数人都会下意识地千方百计寻找救命稻草。然而，心理上的依赖情结越是严重，做起事来就越会马虎。更严重的是，也许困难最终得到了解决，可我们自己却没有从中学会任何面对困难、解决问题的经验，从而在依赖中错失了一次有助于成长的好机会。可以说，拥有的东西越多，顾虑越大。相反，若一无所有，反而倒是什么都能豁得出去了。

一位大师让三个徒弟上山砍柴。临出门前，给大徒弟带上了一把伞，以防天气有变；给了二徒弟一根拐杖，告诉他山路不好走时可以用得上；而最小的徒弟却从师父那里什么也没有得到。

小徒弟不免伤心撅嘴，小声嘀咕说："我最小，本该受到最多的照顾，可师父却这样对我……"

大师早就看出了小徒弟的心思，却含笑不语，只让三个徒弟赶紧上路。

傍晚时分，三个徒弟各自归来，都背回了两大捆柴。但大徒弟却被中午开始下的雨淋得浑身湿透；二徒弟跌得满身是伤；唯独小徒弟却安然无恙。

大师把三个人叫到了一起，三人见面后对彼此的结局都感到颇为诧异，不禁说出了各自的情况。拿伞的大徒弟说："当天空开始飘起零星小雨时，我因为有伞，就大胆地在雨中走；可当雨下大的时候，我却没有地方也腾不出手来撑伞了，所以被淋得湿透了。但当我走在泥泞坎坷的路上时，我知道自己手里没有拐杖，所以走得非常仔细，专挑平稳的地方走，所以竟没摔一个跟头。"

接着，带着拐杖的二徒弟说："我正因为自己带了拐杖，所以当走到沟沟坎坎的地方时，便毫不在意，没想到竟常常跌跤。但是，当大雨来临的时候，我知道自己没带伞，所以尽量拣着那些能躲雨的地方走，身上自然也就没有怎么被淋湿。"

这时候，小徒弟似乎明白了师父的用意，有些激动地说："我知道你们为什么拿伞的被淋湿了，带拐杖的跌伤了，而我却安然无恙的原因了！当大雨来时我躲着走，路不好走的地方我便格外小心，所以我既没淋湿也没有跌伤。"

大师仍然像刚出发时一样，慈爱地看着小徒弟，又转向大徒弟和二徒弟，对他们说："你们的失误就在于，你们有了自认为可以依赖的优势，便觉得少了忧患。"

我们降生的那一刻是一张白纸，日后的人生我们为它填充了不同的色彩，赋予了它不一样的内容。有人或许在想，有些人出生的时候有着好的背景，自己在起跑的时候就已经落后了，但若是有着这样怯懦的想法，你将永远追不上对方的脚步。

其实，一无所有也是一种财富，它让人产生改变命运的激情；一无所有也是一种资本，让我们拥有了无牵挂、轻装上阵的心态。当环境把你逼到一无所有的境地，不要怕，这是一种"恩宠"，实际上就相当于给了你一把挖掘宝藏的锄头。

勇敢但不卑微，这才是最正确的爱情观

一代才女张爱玲说过："女人在爱情中生出卑微之心，一直低，低到尘土里，然后从尘土里开出花来。"其实，现在不仅仅是女人会这样，就连男人面对自己的爱人时也会有一种小心翼翼的感觉，貌似不将对方捧上天，自己不低到尘埃里，就是不够爱，就是对爱情的一种亵渎。

可是，他们忘了，无论是在爱情里，还是婚姻里，卑微是留不住人心的。试想，当你自己把自己看得卑微了，牺牲自我，放弃尊严，你的他（她）又怎会瞧得起你，把你当回事呢？你爱得越是卑微，越会加速他（她）离开你的步伐。

玛格丽特·米切尔，美国现代著名女作家，为中国读者所熟悉的美国著名小说《飘》（由小说改编的电影名《乱世佳人》）的原作者。由于母亲早逝，玛格丽特不得不从中学辍学操持家务，如同《飘》中的女主人公郝思嘉一样她生来就有一种反叛的气质。

成年后凭着一时的冲动，玛格丽特嫁给了酒商厄普肖，但这段婚姻不久便以失败告终。与其说是厄普肖冷酷无情、酗酒成性的原因，不如说是玛格丽特的婚姻爱情观的具体体现。

因为尽管知道厄普肖有不少缺陷，她都深深地迷恋于对方，甚至是一种仰天崇拜的姿势，这无疑助长了厄普肖的狂放不羁，对玛格丽特越来不在乎。

这桩婚姻的不幸，让玛格丽特明白了女人在婚姻中的平等性。之后，她很快便重新振作，嫁给了记者约翰·马什。玛格丽特打破当时的惯例，在门牌上写下了两个人的名字，她说："我要告诉所有人，里面住着的是两个主人，他们是完全平等的。"更让守旧的亚特兰大

社交界惊讶的是，她不从夫姓。

好在约翰·马什也提倡夫妻之间的平等，同他的这次结合是玛格丽特的幸运。马什一直支持和深爱着玛格丽特，也正是在他的鼓励和支持下，玛格丽特开始默默从事她所喜欢的写作，十年后《飘》正式出版，她一夜成名。

在婚姻生活里，快乐是一起享受的，痛苦也是一起承担的，所以不管在其他层面的含义里，男人是如何的强者，女人是如何的弱者，但在婚姻里头，你要记住两个人是完完全全平等的！

所有完美幸福的婚姻一定是建立在夫妻双方平等的基础之上，即使是勇敢地攀上了"高枝"，你也绝对不能忽略这一点。这里的平等，包括双方的人格精神平等、爱情姿态平等、婚姻权利平等。

因此，爱再怎么可贵，也一定要爱得不卑不亢，这样才能让另一半对你又爱又敬，你才能在一个家庭中拥有地位，婚姻生活才会更幸福。

活在爱情里有什么不好？没什么不好，只是没有其他，只有爱情，爱情也会被饿死的。

黎青来自农村，她温柔大方，勤奋努力，以全校第一的成绩毕业于一所重点大学后，在学校领导的推荐下就职于一家英语教育培训学校，认识了气质儒雅、阳光开朗的同事小李。

两个年轻人互有好感，不久就喜结连理。

婚后，黎青深知自己来自农村，父母都是农民，而小李是城市人，爸妈都在不错的事业单位上班，于是一进婆婆家，她就将家里大大小小的家务活都包办了，在小李面前总是小心翼翼，想尽办法讨好他。也许，正是在那一刻，她新婚的羞怯不可救药地变成了自卑。

很快，黎青就发现小李好吃懒做，而且一有不如意就把气全撒到自己身上来。开始时黎青还跟他顶嘴，结果小李开始表现出一副不冷不热的样子，黎青只好宽慰自己小李是独生子要让着他，任由他冲自己乱发脾气。

黎青怀孕后，父母来城里看望女儿。小李虽然礼貌接待岳父岳母，周全得无可挑剔，可是大家一眼就瞧得出来他眼神里那一股居高临下的不屑。黎青有些不高兴，但父母的确是大字不识一筐的农民，文化素质不高，所以她忍住没有批评小李。

怀孕期间，小李经常与一群朋友们在外面玩耍，有时回来得很晚，有时夜不归宿，甚至后来他在外面有了女人。待小李和自己摊牌后，黎青为了维持这桩婚姻，仍然选择了容忍，只是她不明白自己如此宽容小李，为什么受伤的总是自己呢？她在挣扎，在困惑，在伤心地爱着。

鱼玄机说："易求无价宝，难得有情郎。"李贺说："天若有情天亦老。"可见，爱情如此难得，在茫茫人海中，和一个人相遇、相知、相爱又有多么不易。于是，为了维持爱情，自己低头了，妥协了，小心翼翼地迎合着对方。都说爱情当中付出最多的一个人就输了，这句话很多人都相信，因为在爱情中自己爱对方多一点，就总想着通过卑微获得对方的应允，一直留在对方身边。

这样的爱情真的是爱情吗，还是你自己一个人的独角戏？爱情是两个人相互扶持，彼此付出。爱情固然可贵，但你不能因为爱情就抛弃了自己。若是成功的爱情，你会透过对方看到一个更为广阔的世界，但若是你抛弃了自己，那么你的世界就只剩下了对方。

事实上，所谓婚姻，即男人与女人决定要一生一世生活下去，相互照顾、相互关怀、相互帮助，并且生儿育女，保证人类血脉延续。在此期间，你没有必要牺牲自我，放弃尊严，做招之而来、呼之而去的出气筒，或者奴隶、下人，否则婚姻将会真正成为人生的坟墓。

感情的主动权掌握在对方手里，也掌握在自己手里。保持平等的姿态，有理有节地保护自己，可令自己在感情的龙凤斗中立于不败之地，永久地承受他浓浓的爱意，帮助你在今后的婚姻旅途上一路走好。

在爱情的平等宣言中，简·爱语出惊人："虽然我贫穷，虽然我不漂亮，但我的心灵跟你一样丰富，我的心胸跟你一样充实。当我们的灵魂穿过坟墓，站在上帝面前时，我们是平等的。"

勇敢，但不卑微，这才是正确的现代爱情观。

不怕失去，不惧失败，自然勇而无畏

我们总认为得到就是理所当然，失去反而成了非常态。所以，我们总是恐惧失去，因为每每失去，都不免感伤和追忆。其实，每个人心中都是明白的，在漫漫人生长河中，得失相伴随时。人生苦短的叹息，花开花落的无奈，即使诗画中也是风雨和阳光同在。这才是大自然的规律，普通人的平凡生活。

人生本就是一个不断得而复失的过程，就其最终结果而言，失去比得到更为本质。随着整个生命的离去，我们所拥有的一切都将失去。世事无常，没有任何一样东西能够被真正占有。既如此，又何必患得患失？我们应该做，也是所能做到的，便是在得到时珍惜，失去时放手。安然于两者之间，心平而气和。

一代名臣曾国藩曾说："得失有定数，求而不得者多矣，纵求而得，亦是命所应有。安然则受，未必不得，自多营营耳。"

东晋大诗人陶渊明向来被世人奉为安贫乐道，高洁伟岸的精神典范，一段《五柳先生传》便足以为证："环堵萧然，不蔽风日；短褐穿结，箪瓢屡空，晏如也。常著文章自娱，颇示己志。忘怀得失，以此自终。"

想当初，那不为五斗米折腰的陶潜，也曾有过报效天下之志，13年的仕宦生活是他为实现"大济苍生"的理想抱负而不断尝试、不断失望，终至绝望的13年。然而，终究赋《归去来兮辞》，挂印辞官，彻底与上层统治阶级决裂，毅然不与世俗同流合污。对于所谓的世事得失，怎一个潇洒了得。

回归故里后，陶渊明一直过着"夫耕于前，妻锄于后"的田亩生活。初时，生活尚可："方宅十余亩，草屋八九间"，"采菊东篱下，悠然见南山"，虽简朴，却乐在其中。

后住地失火，举家迁移，生活便逐渐困难起来。如遇丰年，还可以"欢言酌春酒，摘我园中蔬"。如遇灾年，则"夏日长抱饥，寒夜无被眠"。然而，其安然于得失的本色，丝毫不改，稳于心中。

陶渊明的晚年生活愈加贫困，却始终保持着固穷守节的志趣，老而益坚。东晋元嘉四年（427年）九月中旬，神志尚清时，他为自己写下了《挽歌诗》三首。在第三首诗中末两句说："死去何所道，托体同山阿。"如此平淡自然的生死观，情也飘逸，意也洒脱。

或许，对于陶先生的境界，我们一时无法企及，但至少能做到的，便是抱有一颗淡泊明志、从简修行的心。平静面对得失，执着于自身超脱；固然炎凉冷暖，又何碍于以冷眼旁观，泰然自若。

得到的并不一定是最好的，也并非是让我们刻骨铭心的。但这却是属于我们能够拥有的。得不到的就不要执迷于此，失去也未必不是一种简单和轻松。清风两袖间，更显得飘逸和潇洒。

有一位老人家久居山野村落，每天早晨都往返于水井与家之间，只挑两担水。

日子久了，水桶就有点漏，滴滴答答，一路上长长一行。路人提醒他说："您换个水桶吧！"老人家笑笑不语，依旧挑着旧水桶来，挑着旧水桶去。

后来，仍不断有好心人提醒，老人除了感谢之外，依然没有任何改变。终于邻居不解地问道："您那么辛苦地挑了一担水，可水桶是漏的，等走到家时恐怕早已漏掉了小半桶。这么白费力气，何不换一个好桶呢？"

老人坦然一笑，说："没有白费力气啊。你回头看一看，这一路走来，我桶里漏的水不是都浇了路边的花草了吗？你看它们长得多好啊！"

对于得与失，老人早已释然并通解，所以有了如此安然而平和的心态。失去其实并不可怕，可怕的是我们不能够正视现实。往往，当我们对失去感到遗憾的同时，可能就在不经意间得到了另一种收获。既然已经失去了，又何必耿耿于怀，纠结于内心？放弃不必要的烦恼，珍惜眼前的平凡，自娱自乐，心安理得，没有刻意的追求，便不会有失去的伤感和沉重。

　　人生并非一帆风顺。有时候，命运会拿走我们生命中的一些东西，对于这些失去的，人们可能无数次地反思自己，认为是自己做得不够好。其实，失去了就失去了，消失总有消失的理由，你去追究一个结果，不过是在浪费时间，不如去看看失去为自己带来了什么，反而更有意义。就像老人所说的那样，漏掉的半桶水不是失去，而是赋予更多生命生长的滋养。

　　然而，平凡中自有升华。每一次的觉悟和放弃，都是一次灵魂的洗礼。伤感过后，仍是要回到现实生活中，日子并不会因为个人而改变。就在这叠进式的理解中，逐渐会懂得超脱地望向未来。眼神里的凄楚，也因深刻而愈加美丽。

　　平日里，我们好像只关心自己已经失去的，一味地沉浸于喋喋不休的懊恼与追悔中，无形中留下了许多伤感与怨恨。其实，快乐与否，只是我们内心看待得失的角度。

　　月亮的残缺并没有影响到它的皎洁，人生的遗憾也不该遮掩住她的美丽。不要再让担忧与焦虑消耗我们的精力，心态的调整只是一念之间的意识。安然于得失，简明的心性，胸襟便自然豁达于明媚之中。你完成了你的精彩，剩下的只需听老天的安排。淡然面对得失，随心所欲生活，自然无惧前路遥遥，无畏得失成败。

有多少自信，就能滋生多少勇气

信心是照亮前路的火把，是坚定不移的信念，是至死不渝的坚持。一个人如果对自己没有信心，在面对挫折时，又如何生出无畏的勇气？心要坚定，路才能走得远，你要先对自己有信心，才能让别人对你有期望。

电视剧《亮剑》的主人公李云龙曾经说过这样一句话："面对强大的敌手，明知不敌也要毅然亮剑。即使倒下，也要成为一座山，一道岭。"这也正是这位"战无不胜、攻无不克"的常胜将军一生的写照，也是激励了很多人的铿锵言语。

在平安县的战场上，山本率领着他的一支部队突袭了李云龙的指挥所，整个赵家峪的百姓全都被杀害了，就连赵政委也受伤了。面对着敌人的凶残和各种先进武器，李云龙没有一丁点的退缩。来到安全地区以后，李云龙立即下令让各营、连、排迅速归队，准备攻打平安县。最后，山本抓来李云龙的新婚妻子秀芹作为人质，然而，李云龙却毅然决然地放下了儿女情长，用土炮去攻打城门，最终攻下了平安县城。

李云龙用自己的实际行动诠释了亮剑精神，面对敌人时，他毫不退缩，勇于拼搏，并靠着这种精神赢得了一次次的胜利。

"剑锋所指，所向披靡"，这是何等的气魄！只有勇者才敢于在面对艰难困苦时说出此等决绝之语、做出这般惊天之举。当我们直面困难时，就是要直接与它交锋，并采取适时的战略战术与之交战，冲破阻碍、踏过羁绊，最终获得光明。

那么在人生的道路上呢？我们是否也有这样的亮剑精神？人生就像一个战场，当需要战斗的时候，你有想过临阵脱逃，有想过退缩撤退吗?

　　其实,有时候并不是没有路,而是路就在眼前,只是你不知道该如何走下去。你常想是否有些什么东西遗落了,可当你转身转了一圈,四周却一片空旷,你遗失的只是你自己。

　　挑战自古就有,并且无处不在,而自信心是成功者获得成功的重要因素之一。爱默生曾经说过:"自信是成功的又一秘诀。我不敢说凡是具有自信心的人都能够成才,但我相信一个成才的人一定具有百战不殆的自信心。"从古至今,但凡取得成就的人,必然是拥有强烈自信的人。

　　古时候,有一个学生十分不自信,老是觉得自己又笨又傻,因此,不管做什么都是畏首畏尾的。有一天,老师给了他一块石头,让他去菜市场把这块石头卖掉。

　　这块石头不仅很大,而且外形还非常美观。临走之前,老师对他说:"你要记着一点,我只是让你试着去卖掉它,而不是要你真的去卖掉它。要学会观察,多问一些人,然后再回来告诉我它在菜市场上可以卖到多少价钱。"

　　在菜市场上,很多人在看到这块石头以后,都想着:可以买回家给孩子玩、可以买回家当作摆设、可以买回家仔细观赏一下。于是,他们纷纷出价,但只是几个小硬币的价格而已。后来,学生回去告诉老师,说:"老师,这块石头不值钱,只值几个小硬币。"老师听完之后,笑了笑说:"你明天带着这块石头再去黄金市场一趟,问一下那里的人肯出多少价钱。当然,不管他们出多少价钱,你都不可以卖掉它。"

　　学生从黄金市场回来以后,十分兴奋地对老师说:"太不可思议了!有人居然愿意出2000元来买这块石头!"

　　老师听完以后,又让学生带着这块石头去珠宝市场问价。结果,让学生感到意外的是,居然有人肯出6万元的价格来购买这块石头。

他们见他怎么也不肯卖，便一再提高价格，甚至有人出到10万元的高价，他也坚持不肯卖。于是有的人就愤怒了，说："我出40万元的价格，你到底卖不卖？或者你说个价格，我都愿意买！"尽管如此，学生仍然坚持不肯卖。

最后，前来加价的人居然越来越多。

学生从珠宝市场回来以后，对老师说："那些人似乎都疯了，他们居然出那么高的价格来购买这块普通的石头！"

老师微微一笑，拿回学生手中的石头，然后意味深长地说："你把自己定位成什么，那么结果就会是什么。如果连你自己都不敢相信自己，那么你的价值也只会像这块石头在菜市场上的价钱一样。"

事实上，这个故事告诉了我们：只要肯相信自己，就会找到自己前进的方向，就会发现自己的优点和特长，生活也才会变得更加丰富多彩。若是这个学生不曾四处去问，在菜市场卖出了这块石头，那么它将永远只是一块石头。

我们也是如此，你若是以一块石头的姿态在市场等待，那么你将不会有发光的机会。你应该相信自己是一块宝石，跻身到珠宝市场，这样即便你不是真的宝石，也会在环境中不断磨炼，变成真的宝石。其实，在世人眼中，你的能力往往来自于自己的评价。你觉得自己是强大的巨人，那么在别人眼中你就不可侵犯；若是你自己觉得自己很弱，那么就不能责怪这个世界打压你。

我们在遇到困难时绝不应逃避，要做的是通过冷静地分析后，确定是否应该改进自己，从而直面困难，最终克服。我们必须知道，困难是客观存在的，它并不以人的意志为转移。所以，请坚定地相信自己，并大胆地迎接挑战吧。

著名诗人食指写下这样的诗篇："当蜘蛛网无情地查封了我的炉台，当灰烬的余烟叹息着贫困的悲哀，我依然固执地铺平失望的灰烬，用美丽的雪花写下：相信未来！"这告诉我们：无论你处在多么艰苦、多么绝望、多么无奈的环境下，只要心之所向，有无畏的精神，并且坚持不懈地努力，始终相信未来，终会有所收获。

　　相信自己，手中的天地由自己创造；相信自己，超越自己后将会第一。任何成功都需要努力，只有拼搏才能取得胜利。挥汗如雨的时候，要相信自己一定能取得最后的胜利。相信自己，是对自己最好的安慰，也是对自己最好的奖励。

反正不完美，还有什么可怕的

这个世界上，人们怕的东西似乎总是很多。

怕失败，怕做错事，怕丢脸，怕暴露自己的缺陷，怕别人知道自己的不完美……

然而事实上，这个世界本就不存在完美，不管多优秀的人，你也总能从他身上找出令人不满意的地方。所以，反正都不完美，你还有什么可怕的呢？

父母、容貌、家境、从小生活的环境等等，这些是我们无法选择的，就像是凭借运气得到的礼物，有好有坏，有幸运也有倒霉。对于很多平凡无奇的人来说，这些成为了他们在长大以后遇到的第一个痛苦和底气不足，于是便常常能听到有人抱怨"我家太穷了！父母没有本事，也没有社会地位，别人都可以靠家里找一份体面的工作，可我的父母什么忙也帮不上，说出来真是丢人！"或是抱怨自己的缺点太多："我个子为什么这么矮？我为什么找不到理想的工作？"等等。

于是，这些差强人意的地方渐渐成了他们底气不足的借口，成了他们懦弱退缩的理由。他们一遍遍强调自己的不够完美，认为自己的体貌难以融入这个社会。他们从未感觉到幸福，因为他们的目光一直停留在自己不曾拥有的东西上。但其实，这些不过是生命中的一点瑕疵罢了，并不能阻碍你未来的幸福。相反，人应该要认清自己，接受这点不完美。只有不完美，人们才会奋进，才会拼搏。而一旦人能够坦然接受自己的不完美，便不会再惧怕前路的艰难险阻。毕竟，反正就不完美，还有什么好怕的呢？

动物园举办了一次舞会，美丽的孔雀也收到了邀请函，但它却因为没有美丽的歌喉而万分痛苦，不敢去参加盛大的舞会。

孔雀的朋友燕子知道以后，就跑来问孔雀："为什么你不愿意一起去参加舞会？"

孔雀悲伤地说："如果我能像夜莺一样，成为森林里最棒的歌唱家，那我一定会去参加舞会的。夜莺的歌声那么美妙，人们都喜欢它。可我呢？嗓音沙哑，一开口大家就笑我，上天真是不公平啊！"

燕子听后安慰孔雀说："你的嗓音不好，可你的容貌与身姿却是别的动物不能及的。想想你开屏的时候，羽毛是多么的漂亮，多么的光彩照人。"

"那又有什么用呢？这种美丽是无言的，我一张嘴就'不如别人'。"

燕子觉得孔雀有些矫情，生气地说："命运都是上天注定的，它给了你美丽，给了夜莺美妙的嗓音，给了雄鹰力量……所有的动物都应该对上天赋予自己的东西感到满意知足才对，别总是抱怨自己没有的！"

世界上任何事物都不可能十全十美，任何人都是独一无二的，有着自己的精彩。孔雀的美丽是令人艳羡的，而它却不停地抱怨自己没有美妙的歌喉，久而久之，反而连自己最引以为傲的东西都抛诸脑后了。

完美人生是所有人最理想化的期待，当然，人们都知道这也是不可能的。世界上不存在绝对的完美，任何人在成长的过程中，都是靠着试探前行的，跌跌撞撞中受了伤、犯了错也是再正常不过的事情。如果因为一次的失误、挫折就否定整个人生，那么你的人生将会陷入无边的苦痛当中。

春曼和心曼是一对出生在黑龙江农村的姐妹，和所有女孩一样，她们喜欢漂亮，也有着自己的梦想。只是，两姐妹是残疾人，无法行走，每天只能坐在轮椅上。医生说，她们只能活到30岁。

这对姐妹没有享受过校园里的生活，但她们自学认字，后来又经营书报摊。再后来，两姐妹开通了春曼心曼生命关怀热线，出版了她们的第一本书《生命从明天开始》，拿到了稿费之后，她们做的第一件事就是帮家里还债。之后，两姐妹的第二本小说《假如我可以站起来吻你》出版了，她们从此成了名人。

医生当初的预言并没能阻碍她们勇敢地活下去，身体的残缺没有让她们看不起自己，也没有让她们抱怨上天的不公，如今她们已经走过了30多个春秋，她们从不和任何人去比较自己没有的东西，她们快乐地生活着，努力享受每一天的生命，力求让每一天都过得很精彩。

两个残疾姐妹能够尽情地享受生命的精彩，那么身体健康的人们又有什么理由看不起自己呢？不必太在意别人有而自己没有的东西，有失必有得，生活就是这样。如果春曼和心曼没有身体上的残缺，也许她们就不会将生命的可贵领悟得如此透彻，也不会感受到活着是那样的幸福。

每个人一生的机遇和拥有是不同的，我们不可能拥有一切，生活中固然有很多美丽的东西，但并非样样都是我们能够消受的。同样地，我们也不可能失去一切，只要你悉心观察，就会发现生命中总有些不曾察觉的美好。清闲时有清闲时的满足，也有清闲时的寂寞；繁忙时有繁忙时的烦恼，也有繁忙时的乐趣。有钱人有有钱人的潇洒，也有他们的担心和脆弱；穷人有穷人的艰辛，也有他们的坦然和欢笑。

还记得玛格丽特·米切尔的小说《飘》中的郝思嘉吗？她固执、虚荣、聪明、狡黠，但她是那么的真实，她的缺点与优点完美地融合在一起，无人能及。完美是乏味的，它意味着已经失去了任何可能性和延伸感。只要人们敢于正视自己的不完美，调动自身各种优势与之协调，对这个缺陷进行弥补和矫正，一样可以成就精彩的人生。

你要记住：生命的光辉和荣耀永远都照在身上暂不完美的那一点上，那是你的独特之处，也是你的魅力所在。不完美又怎样？只要敢于为了明天而拼搏，改变自己，你才能蜕变成一个完美的人。

第七章 逼自己，在依赖的时候

DIQIZHANG

——你的世界，需要自己来关照

　　将自己的命运交到别人手里，是一种最愚蠢的做法，你的开心、失落、痛苦、幸福，没有任何人能比你自己感受得更加深刻。你是自己生命的主导者，你的世界，需要自己来关照。

　　习惯依赖的时候，记得逼自己学会独立，有人可以依靠是一种幸运，但若是离了依靠便无法生活，那就是一种不幸了。

起跑已经输了，那就让自己赢在终点

你为什么没有成功？

有人可能会说，因为我没有雄厚的背景；

有人可能会说，因为我头脑不够聪明；

有人可能会说，因为我运气从来不好……

然而，这些真的能算是失败的理由吗？为什么要依赖背景、天赋、运气？为什么要依赖那些不能掌握在你手里的东西？事实上，你明明可以掌控自己的命运，你明明可以逼着自己去努力、去奋斗，你明明可以狠狠地磨砺自己，让自己变得越来越强大，强大到可以扫平一切成功路上的障碍。

爱因斯坦曾说过："人的差异在于业余时间。"每人每天工作的时间都是 8 个小时，付出的也都差不多，获得回报也差不多，但要想改变自己的人生，让自己与别人不一样，那么就必须用上业余时间，谁的业余时间用在学习上的越多，那么他获得成功的概率就越大。

这个世界上确实有天才，但天才不等于可以不努力。世人眼中的哈佛是世界最高学府，能进哈佛的学生一定天赋异禀，可是哈佛的校训中就告诫人们只有勤奋才能有所收获。

1903年，在纽约的数学学会上，一位名叫科尔的数学家成功地解答了一道世界数学难题。在人们的惊诧和赞许声中，有一个人向科尔恭维道："科尔先生，你是我见过最有智慧的人。"

科尔笑了笑，回答道："我不是最有智慧的，我只是比你们更勤奋罢了。"

听到了科尔如此回答，那个人很疑惑。科尔说："你知道我论证这个课题花了多少时间吗？"

那个人说："一个礼拜。"科尔摇了摇头。

"一个月？"科尔还是摇了摇头。

那个人见到科尔否定，很吃惊地问："我的天啊，不会是一年吧！"

科尔笑了笑，回答："先生，你错了，不是一年，而是三年内的所有星期天。"

一分耕耘，一分收获的道理是永远不会变的。在成功的路上，人人都希望有捷径，能够付出最少的努力获得最大的收益，事实上这是不可能的事情。成功的唯一捷径就只有勤奋。

即便你聪明绝顶，不肯花时间、花精力，最终也只能被普通人超越。

许多人都忽略了积少才可以成多的道理，一心只想一鸣惊人，而不去勤奋努力地工作。等到忽然有一天，看见比自己起步晚的人，比自己天资笨拙的人，都已经有了可观的收获，才惊觉自己这片地里还是颗粒无收，这时才明白，不是自己没有理想或志向，而是自己一心只等待丰收，却忘记了要勤奋播种、施肥、除草。

人生是一个过程，重在拼搏，无论任何人，终点都是死亡，这是没有差别的。重要的是你的过程要怎样度过，想着每天享受，那么最终定会因为之前的享受而懊悔。一开始就习惯于拼搏的人，最终会陶醉在这个过程中，到老时说不定还能写下一本厚厚的回忆录来记录自己精彩的人生。

据说哈佛大学的图书馆昼夜都开放，即便凌晨4点也会有很多人在那里学习。在他们看来，一生实在太过短暂，想要知道更多的真理，就需要付出更多的努力，利用每一分每一秒。

没有人应该浑浑噩噩地过日子，所有人都应该为了更好的生活而奋斗，可以是物质生活，也可以是一种精神境界，无论是哪一种，都需要你遏制懒惰的因子，这样你才能为自己创造出一个别样的世界。日本最成功的企业家之一松下幸之助说过："我在当学徒的七年当中，在老板的教导之下，我养成了勤奋的习惯。所以，他人视为辛苦困难的工作，我自己却不觉得辛苦，反而觉得快乐。青年时代，我始终一贯地被教导要勤奋努力，所以，我能力提升得很快，让我抓住了很多的机会。"

曾有人问李嘉诚成功的秘诀，李嘉诚讲了这样一则故事：曾有一位从事推销行业的新人，问日本"推销之神"原一平的成功推销秘诀是什么，原一平当场脱掉鞋袜，对他说："请你摸摸我的脚板。"

这个新人满脸疑惑地摸了摸对方的脚板，十分惊讶地说："您脚底的老茧好厚呀！"原一平说："因为我走的路比别人多，跑得比别人勤。"这个新人略微沉思后，顿然醒悟。

李嘉诚讲完故事后，微笑着说："我没有资格让别人来摸我的脚板，但可以告诉你，我脚底的老茧也很厚。"当年李嘉诚每天都要背着样品的大包马不停蹄地走街串巷，从西营盘到上环再到中环，然后坐轮渡到九龙半岛的尖沙咀、油麻地。

李嘉诚说："别人8小时就能做好的事情，如果我做不好，我就用16个小时来做。"

李嘉诚早年在茶楼当跑堂，拎着大茶壶，每天10多个小时来回跑。后来当推销员，依然是背着大包一天走10多个小时的路。李嘉诚脚底的茧子未必没有原一平的厚。

勤奋是成功的根本、基础、秘诀。没有勤奋，即使你天赋奇佳，也只能碌碌无为一生。任何一项成功都不可能唾手而得。因此，人应当在年轻的时候就培养"勤奋努力"的习惯。

机会说不定什么时候就会降临，但有时只是因为手脚慢了一步便错过了。这不是机会给你的时间太少，而是你的动作不够快。不是你的能力不够，而是你不够勤劳。就像李嘉诚说的那样，8个小时做不好的事情，就花上16个小时的时间去做。勤能补拙，只要肯付出勤劳，就没有得不来的成功。既然已经输在了起点，那就逼自己勤奋一点，努力一点，然后赢在终点吧！

妄想靠抱别人大腿成功，那就省省吧！

依赖是一种习惯，在人们脆弱的时候，总希望有人能够拉自己一把。确实，当人生遇到艰难，难免会向他人寻求帮助，但你要知道，这只是在你走不下去时的一点依靠，并不能成为你的一种活法。如果妄想要靠着抱别人大腿去获得成功，那你还是省省吧！

人要为自己找活路，没有人能够一直帮助你，毕竟人是个体，会为了自己而奋斗，你也应如此。为什么要将希望寄托于别人？我们有手有脚，不比别人差在哪里，完全没必要一味依靠别人。

生活不可能永远如春天般温暖，也不可能没有风雨的降临。但只要自己有接受风雨的勇气和宽广的胸怀，即便被挫折打倒在了地上，也能坚强地爬起来，重整自己的装束，以乐观的心态挑战自我，挑战命运。若是只在原地等待着不一定能够出现的帮助，那么说不定你会永远停留在原地，就算有人好心拉了你一把，在等待中你也耗费了大把的时间。

等待别人的救助无异于束缚了自己的能力。我们可以通过下面的故事看一看。

在一座废弃的楼房里，一个孩子正在那里玩耍。忽然，他听见不远处传来了一阵悲伤的哭泣声。于是，他循着声音望去，只看见，在一个角落里，有一个四四方方的铁笼，里面囚禁着一个骨瘦如柴的人，哭泣声就是从这个人口中发出来的。

孩子急切地问："你是谁？"

那个人回答："我是我的生命。"

孩子接着问："谁把你关在这里的？"

那个人说："我的主人。"

"谁是你的主人？"

"我就是我的主人。"

"嗯？"孩子有些不解。

那个人继续回答："谁也没有囚禁我，是我自己囚禁了自己。当我欢笑着企图在人世间展示我生命的欢乐时，我发现一不谨慎就有落入陷阱的可能，从而跌入黑暗的谷底，一不谨慎就会遭受风雨的猛烈袭击，甚至会被风浪一口吞没，所以我变得很懦弱，内心也十分恐惧。于是，我就将自己囚禁在这个铁笼里，我认为这样非常安全，不会有危险发生在我的身上。我从来不敢也无法冲出铁笼去面对生活，而一天天的哭泣让我的生命流干。"

孩子并不懂那个人说的究竟是什么含义，他只是心想："我要设法砸碎这铁笼，将这个人尽快解救出来。"于是，这个孩子找来了一把大榔头，拼尽自己所有的力气，向铁笼砸去……直到这个孩子累到了极点，铁笼还是没能砸开。见状，那个人顿时怜悯起这个孩子来："唉，把榔头给我，让我自己砸开它吧。"话音还没有落下，铁笼就已经散开了。

在人生的路途上，我们谁也无法预知未来可能出现的各种挫折，一旦我们遭遇挫折，我们是否有勇气进行自我拯救，大胆地走出逆境中的泥泞，从而打开自己的"活路"呢？

当感到生活有负于我们的时候，如果我们选择逃避，将自己囚禁在自认为安全的大"网"里，那样就意味着我们已经迷失了自己，离"真我"也会越来越远。要知道，从我们诞生之日起到离开这个人世，有一个最为可怕的敌人——自己，会一直陪伴在我们的左右。我们只有不断超越自我、挑战自我，才能逐渐强化薄弱的意志力，从而强化我们的神经，进而摘取成功的桂冠。

我们自己才是自己真正的救世主，只有自我拯救才能获得别人更多的帮助，才能在眼前出现"生"的奇迹。

依靠别人生存的人，最终只会消磨自己，让自己的能力每况愈下。人的能力是锻炼出来的，只有你懂得奋斗，敢于奋斗，才能成为生活的强者，成为别人能够依靠的人，而不是依靠别人的人。

泰戈尔曾经说过："顺境也好，逆境也好，人生就是一场面对种种困难无尽无休的斗争，一场敌众我寡的战斗。只有笑到最后的，才是真正的胜利者。"可以说，在信念的驱使下，在拼搏精神的照耀下，就没有跨越不过去的山，迈不过去的坎儿。人是脆弱的，但没有我们想的那样脆弱，你的抗压能力在于你是否敢于去抗压。遇到困难时，应该将别人的帮助当作最坏的策略，而不是首先应该想到的。

在一本书中，讲到了作者从小是不被老师看重的孩子，就连他长大之后，还曾经两次被公司领导辞退过，令他甚感疑惑的是，为何他如此努力，却仍旧是一个笨蛋。

他也曾经为此否定过自己，在内心做过强烈的挣扎，并且在那个时候，他甚至还被别人称为"精神病"。然而，他内心深处始终有一个声音在呐喊——靠自己坚持下去。正是凭借这样的信念，面对失败，他一次次坚强地撑过去了，其间确实遇见了几位不错的老师，另外在妻子的鼓励下，他最终如愿取得了心理学博士学位。

在他54岁那年，他终于理解了"学习障碍"这个名词，还知道了他之所以受了如此多的苦难之缘故，后来他还以自身受苦的经历给予了身边很多人帮助。

只要自己抱有十足的信心和顽强的毅力，困难就会不战而胜。他也正是凭借自己的信念将各种障碍克服掉，当然这不是别人所能给予的，因为靠谁都不如靠己。

人生在世，应该以一种宽大的胸怀坦荡地活着，在烦恼压身的时候，我们不能想着别人来拯救自己，而应该首先想到自救，自己为自己搭起求生的阶梯。只有这样，你才能给自己找到一个出口。

　　能力属于自己，别人夺不走，但他人施舍的恩赐随时可能消失，就算为自己找退路，也要懂得"凡事应靠自己"这个道理。人的一生中，自己才是最大的依靠，只有成为一个名副其实、真正掌握自己命运的舵手，自己的未来才会有希望，才能成功。

能救你的永远都不是别人，而是你自己

我们的一生总会面临很多选择，诸多选择让我们迷失了双眼。你希望得到的东西，似乎总是遥不可及。而你想要逃避的，却总是如影随形地跟在你身边。当你面对诸如此类的种种不如意时，会希望命运或是别人能来救你，但现实不是小说，更不是电影，没有那么多的救世主。如果真要找，只有一个，那就是你自己。

一个墨西哥女人和丈夫、孩子一起到了美国，当一家人来到得州边界艾尔巴索城的时候，这个女人的丈夫离开了他们，不知所踪。一直依附在丈夫这棵大树下的女人，变得束手无策，而两个嗷嗷待哺的孩子又使她不得不重新面对生活。

在经过最初的茫然之后，女人决定依靠自己打拼出一番事业。虽然当时她只有几美元，但是她还是毅然决然地买了一张火车票前往加州。在加州，她找到了一份在餐馆中当服务员的工作。每天她都要从半夜工作到早上6点钟，却只能赚到可怜的几美元。虽然钱很少，但是女人省吃俭用，努力积攒着财富。

几年之后，这个女人想用辛辛苦苦积攒的钱开一家墨西哥小吃店，专卖墨西哥肉饼。但是当时她的积蓄非常有限，还不能靠自己的力量实现愿望。因此，她拿着自己仅有的资产，来到银行向经理申请贷款。她对银行的经理说："我想买下一间小房子，经营墨西哥小吃，如果你肯贷款给我，那么我的愿望就能够实现。"一个看起来普普通通的外地女人，没有财产抵押，没有担保人，就连她自己也不知道自己会不会成功。可是当时那位银行经理却被她的勇气所折服，决定冒险资助。

25岁这一年，女人终于经营起了属于自己的墨西哥肉饼店，15年

之后，这间小吃店变成了全美最大的墨西哥食品批发店。

这个女人就是大名鼎鼎的拉梦娜·巴努宜洛斯。

拉梦娜·巴努宜洛斯作为一个弱女子，又面对着无依无靠的悲惨境地，依然能通过自身的努力为自己赢得成功，值得所有人钦佩。其实，对于任何人来讲都是如此，你如果想要让自己赢得成功和尊重的话，就必须依靠自己的力量去奋斗。

命运给你的一切昨日都是不可逆转的，你能改变的就只有自己的未来。与其咒骂命运，祈求上天，不如相信自己，用豁出一切的勇气来走出一条不凡的人生路。

传奇商人王永庆曾经说过："先天环境的好坏，并不足奇，成功的关键在于一己之努力。"俗语也说，靠山山会倒，靠人人会跑，只有自己最可靠。最好的人生，就在你自己的掌握中。人活着，最重要的是寻找一片属于自己的世界。这个世界，是别人给不了你的，唯有自己争取。

别人给不了我们光辉的人生，命运同样也给不了，它只能给你一个好的出身，或者是一个成功的机会，但最终的结果，还是要靠自己去拼搏的。

孙丽是个漂亮女孩，颇有文采，上学的时候就常常能吸引异性的目光，而她只倾心于一个和她同样热爱文学的男生。两个人相爱了，并很快手牵手一起迎来了毕业。

校园生活结束后，孙丽的男友去南方打拼，而孙丽则留在读书的城市做了一名文字编辑。这段时间，孙丽继续坚守着自己的文学梦想，同时还等待男友的归来。

为了打发时间，孙丽想起了小时候跟奶奶学的用红绳子打结的手工活，每次都把自己打好的同心结放进写给男友的信里，象征着对男友的思念。然而，这个举动不但没有把男友盼回来，反而带回了一张请柬，她的男友要结婚了，新娘不是她。

　　孙丽失恋了，但她并没有就此消沉，她是个自立并坚强的女孩，她还有梦想。此后，诗歌成了她的寄托。一次偶然的机会，孙丽认识了一个朋友，闲谈时，朋友劝说她，文学不能当饭吃，搞文学也要食人间烟火。正是这句不经意的话点醒了孙丽，要想继续自己的梦想，就要打好物质基础。

　　冥思苦想之后，孙丽认为中国的手工艺制品很受欢迎，这时她想到了奶奶教给她的编结方法。有了初步的雏形之后，孙丽买了一大堆绳子，四处求教，锻炼自己的手艺，终于她编织的图案越来越丰富了。

　　一开始，孙丽并没有资金做宣传，她就自己推广，印了一些传单，发散到每一个地区。为此，她没少吃苦头，但孙丽咬牙坚持下来了，没有向任何人求助。

　　几年之后，孙丽终于让更多的人认识了"中国结"，而它们精美的图案更是让人赞叹不已，购买的人越来越多。孙丽没有就此止步，她在中国结的基础上又开发出许多具有现代时尚气息的饰品。如今，她的中国结遍布全中国，甚至畅销海外。就是这样一个普通的姑娘，成就了一番大事业。

　　孙丽依靠自己，活出了自己的美丽。她有理想、有目标，并能朝着目标不断前行，不管其间多苦多累，她都没有放弃。她战胜了自己，赢得了一个全新的人生。

　　我们都知道，太阳花具有超强的生命力，即使把它掐断再种到另一个地方，它也能活下去，而且温度越高，生长得越快。然而菟丝花虽然妖娆多姿，但总需要缠绕到别的植物上面，一旦离开了依附的树枝，它便失去了生存的空间。

　　我们不妨将这两种花比作人生中的强者和弱者。不难理解，那些不管是事业还是家庭能够赢得成功的人之所以成功，是因为他们从来不依附于他人，在别人说他不具备条件时，也绝不放弃努力，相信只有行动才能把人生引向成功，即使有点灰心，也决不后退。相较之下，那些被划为弱者族群的人往往缺乏独立意识，他们不想法凭借自己的力量去获得人生的发展，因此也就注定了他们只能成为自然界中的菟丝花，当依附不在，自己也就颓然倒地了。

命运不会给你安排那么多的依靠，唯一靠得住的只有自己。命运应该由自己掌握，再糟糕的结果也不过是人生低谷。要记住，人生只有一个最低点，只要度过了，之后的每一天都是上升期！

这个世界别人给不了你，唯有靠你自己争取

卡耐基曾经说过一段耐人寻味的话："发现你自己，你就是你。记住，地球上没有和你一样的人。在这个世界上，你是一种独特的存在。你只能以自己的方式歌唱，只能以自己的方式绘画。不论好坏与否，你只能耕耘自己的小园地；不论好坏与否，你只能在生命的乐章中奏出自己的发音符。"

的确，戏剧小人生，人生大舞台。每个人，都是人生舞台上的演员；每个人，都是在人生舞台上扮演自己的演员。无论你是光彩照人的大人物，还是默默无闻的小人物，这些都不是重要的，重要的是你要演好自己。只要你做好了自己，那么你的人生就不是天注定，而是你的决定。

一只大狗看到一只小狗在追逐它自己的尾巴，于是问："你为什么要追逐自己的尾巴呢？"小狗回答说："我听说，对一只狗来说，最好的东西便是幸福，而幸福就是我的尾巴。因此，我要追逐我的尾巴，一旦我追逐到了它，我就会拥有幸福。"

"傻孩子，"大狗说，"在年轻的时候，我也曾经认为幸福就在尾巴上。但后来我发现，无论我什么时候去追逐，它总是逃离我，于是我放弃了。结果呢？当我着手做自己的事情的时候，才发觉无论我去哪里，它都会跟在我后面。"

我们的命运有时就像是狗的尾巴，上天安排它长在我们身后，至于怎样对待，就在我们自己了。人生需要拼搏，但有时也需要顺其自然，就像追逐尾巴的小狗那样，让幸福自然跟在自己身后。

有时，你觉得现在做得不够好，觉得自己与成功还有千里之遥；或许，你觉得现在做得很好，觉得自己还想再做得更好。但

是，不满自己也好，超越自己也好，成功的标准不高也不低，它只需要你做好自己就行。毕竟这个世界只能靠你自己去争取，别人是给不了你的。

做好自己人生的主角，你便扼住了命运的咽喉，掌控了自己的人生。最好的命运不是财富，不是表象，而是内心的满足。不要在意世人的看法，做好自己，活出自己，你的人生便是最好的。

莉莎今年只有8岁，非常热爱表演。有一天，学校要排演一个大型的话剧《圣诞前夜》。莉莎感觉到自己的机会就要来了。在爸爸妈妈的鼓励下，莉莎去了面试的地点。她原本以为，自己会成为主角，然而令她没想到的是，自己却只是扮演一条小狗。回到家，莉莎无比失望，连晚饭也不想吃。

妈妈看到莉莎这个样子，心里也很难受，便和她聊天："莉莎，你得到了一个角色，不是吗？"莉莎红着眼："妈妈，你别安慰我了，我只能演条狗，只能汪汪叫！"妈妈看着她，严肃地说："你为什么会有这种想法？其实，你不要看不起这个角色，你完全可以用主演的心态去演戏。你只有投入进去，才能够演好，即使角色只是一条狗，你也可以成为主演。只要拥有主演的心态，你就是主演。"莉莎听了妈妈的话，一个人对着镜子喃喃自语："对啊，其实我需要的是一个上台的机会，而不是一定要当主角！莉莎，哦不，那条小狗狗，我不该看不起你的，毕竟你就是我。"

从这以后，莉莎再没抱怨过什么，全身心地投入到排练之中。很快圣诞节到来了，尽管莉莎不是主角，可是她的用心表演，赢得了所有人的掌声。甚至，她的风采已经盖过了主角，所有人都被她那精彩的演技折服了。那个夜晚，几乎所有的人都记住了那条汪汪叫的"小狗"，莉莎激动得热泪盈眶。

虽然扮演的只是一条汪汪叫的小狗，但是莉莎的用心表演，赢得了所有人的掌声。生活中，如果我们有莉莎那样的觉悟，懂得通过自己的努力去演好自己的角色，那么你就会发现，即便是其他人的配角，你也能演出主角的风范，过上精彩的人生。

人们每天奔波在繁华都市中，所追求的应当是自我价值的实现以及自我珍惜。所以，我们不该为自己是他人眼中的主角就扬扬得意；也不要为别人的轰轰烈烈而无地自容；更不要为自己的平平常常而妄自菲薄。

有这样一对夫妻，他们辛辛苦苦打拼，然后买了个别墅，还房贷，每天压力巨大，早出晚归。然而他们家的保姆呢？等主人上班，没有事情可做时，她每天做得最多的事情就是带着家里的狗在公园里遛弯，唱山歌。

渐渐地，附近的人们都开始谈论这位保姆："那个保姆啊，可了不起了，歌唱得那么好，什么时候和她好好谈谈，把她招到我公司去，好好培养培养。"另一位接口道："可不是，有那么好的嗓子，做保姆可惜了，赶明找人培养培养她，进歌剧团肯定没有什么问题。"

能获得人们如此由衷的赞叹，你能不说这位保姆是个非常成功的人吗？尽管她没有钱，没有别墅，也没有一份所谓的"好工作"，但她不计较，努力做自己，最后赢得了这么多"成功人士"背地里的赞叹，这实在不能不让人羡慕。

其实成功不一定要看你拥有了多少财富、权力，而看你是否能够驾驭自己的人生。真正的人生赢家，不一定有房屋千万所，但一定有着幸福的生活。

都说人的命天注定，但事实真的如此吗？确实，命运会给你安排很多条路，但选择权还是在你手里的，所以才有"尽人事，听天命"这样的说法。如果你将一切都交给命运，那么你只是命运手中的玩偶，若是你将命运掌控在自己的手里，你就能够选择出最佳的那条路线。

　　什么是最成功的人生呢？这个概念实在太过于抽象。唯有一点是坚信不疑的，那就是成功的人生并不在于你获得了多少东西，也不在于你一定要做得比谁更好，而在于你必须要做好自己，体现出自己的人生价值。这恰恰是一个人对人生的最高追求。

人生不能重来，分清楚谁才是主角

人这一辈子如白驹过隙，已逝的时光永远无法追回，所以一定要弄清楚谁才是主角，别白活一世之后，蓦然回首，只余满满的遗憾与懊悔。

日本最年轻的临终关怀主治医师大津秀一，在多年行医的经验基础上，在亲自听闻并目睹过1000例病患者的临终遗憾后，写下了《临终前会后悔的25件事》一书。其中，有很多条都涉及"没有做自己"。比如：没做自己想做的事；被感情左右度过一生；没有去想去的地方旅行；没有表明自己的真实意愿，等等。在现实生活中，我们总会听到有人抱怨，如果当初怎样怎样，现在就能如何如何。可是，时间的大门一旦关闭就不可能再开启，人生就是一场单程的旅途，没有回头的路。生活太累，太多遗憾，就是因为给了自己太多束缚，不敢打破规则，追求最初的梦想。学会把自己的感觉叫醒，放开心胸，放下种种担心和顾虑，勇敢地向着梦想前进。无论别人如何看，你都可以过得很快乐，因为这才是你真正需要的，才是真正属于你的人生，属于你的幸福。

两个少年在厕所中相遇，其中一个男孩找另外一个戴帽子的男孩借了点手纸。出了厕所之后，为表感谢，借手纸的男孩给戴帽子的男孩点了一支烟。两个人边走边聊。

戴帽子的男孩说："我最近很郁闷，家里人一直逼着我学钢琴，可我怎么也弹不好。"

借手纸的男孩说："钢琴，一点都不难！我5岁就开始弹了，可烦恼的是家里人总逼着我写诗，天啊，我怎么写得出来？"

戴帽子的男孩一听，笑着从包里拿出了一沓稿纸，说："这个给你吧！拿回去交差。我最喜欢写诗。"你一定猜不到，那个不爱学琴的男孩，后来成为了大诗人；而那个不爱写诗的男孩，则成为了音乐家。他们面临的选择显而易见，那就是自己的梦想和家人的期待。若是你，你会怎样选？选择他人的期待在大部分人眼中都是最保险的做法，不会冒风险，因为那些对你有所期待的人总比自己多些经验，至少是站在客观的角度来看待自己的。可是哪一种成功不需要冒险呢？若是让歌德弹琴，莫扎特写诗，那么他们就永远成为不了轰动世界的伟人，因为他们的选择违背了自己的梦想。

世界上有很多概念都是互相矛盾的，而有时我们会陷入这种两难的抉择当中。这个时候，选择的结果很难以对错来评价，人生若是一条路，选择就是岔路口，无论你怎样选，最终的终点都一样。当然，你的一个选择会改变你的人生。但人，一定要做自己喜欢、自己想做的事，如此才能够快乐。或许，在此过程中会遭到周围的人或环境的阻碍，但我们不该就此放弃自己的意愿，有些事一拖延，可能就是一辈子。说到底，人之所以会做保守的选择，是因为怕失去，但想想看，我们离开这个世界的时候为什么会后悔？因为我们什么也带不走，若是曾经追求了梦想，那最终至少还有回忆，而不是悔恨。人生重在体验，而不是手里有什么。你若是真的爱自己，就该为自己的梦想而拼搏，不留任何遗憾。

小时候，她不喜欢跳舞，可在父母的严厉要求下，她还是硬着头皮学了。这一跳，就是15年。

高考时，她想报考旅游英语，在家人的强烈反对下，她还是听了母亲的话，上了一所护士学校。后来，在市区的一家医院做了一名护士。

工作后，她交了一个军官男友，父亲却不同意。抵抗不过父亲的百般阻挠，她最终还是妥协了，在亲戚的介绍下，和一个医生结婚了。

　　结婚后，她和丈夫本来有自己的一套房子，可公婆非要他们搬过去一起住。她知道婆婆是个挑剔的人，本不想每天住在一起，怕生出什么矛盾，自己不开心，也惹得婆婆生气。可经不住老公的劝说，她还是强颜欢笑地和公婆住到了一起。

　　在别人眼里，她是幸福的。多才多艺，样貌出众，嫁了一个家境好的老公，还有公婆帮忙料理家务。这样的生活，多少女人求之不得。可是，她内心的苦楚又有谁知道？

　　30岁生日的那个深夜，她想到自己过去的这些年里，似乎每一次重要的决定，都是别人替自己拿主意。这人生，仿佛不是她自己的。那个做义工行走世界的梦想，那个曾在雨中为她撑伞的恋人，一切的一切，都成了无法触摸的梦……她背对着丈夫，流下了一行行眼泪。在咸咸的泪水中，她突然作了一个重要的决定：换一种活法，做自己想做的事，去自己想去的地方。

　　略萨曾说："我敢肯定的是，作家从内心深处感到写作是他经历过的最美好的事情，因为对作家来说，写作是最好的生活方式。"因为喜欢，所以快乐，沉醉其中乐此不疲，金钱和名誉，都是可有可无的附加值。若是束缚太多，无法做自己想做的事，久而久之一定会身心疲惫、无所适从。这个时候，应该学会让自己换一种活法，保持淡定，不为他人的言语和决定而改变自己的意愿，人生自会惬意无比。

　　趁着自己还没有麻木，赶紧去看看自己最初的梦想吧，若你不去闯，那么它就是你一辈子的梦想，若是去做了，那么梦想自会照进现实。人生太短暂，时间不等人，有些事情现在不做，就再也没有机会做了。问问自己的心，去爱自己真正爱的人，去做自己想做的事，走向最期待的未来。

所谓幸福，并不需要依存于任何外物

人生路上幸福和不幸的机会是均等的，命运不会刻意安排你幸福或是不幸，任何事情都有两面性，而是否选择幸福，决定权始终在你自己的手上。身居高位你确实有很多权力，但这并不一定能和幸福画上等号。

命运给了你多种可能，关键在于你自己的选择。在人们眼中，幸福是一个虚无缥缈的词语，很难给这个词语界定一个固定的概念，因为每个人对幸福的理解都是不同的，但最简单的一点幸福，就是它是一种内心的满足感。

有的人认为幸福就要有完美的外表和显赫的家世；有的人认为幸福就是有挥霍不完的钱财；也有的人认为幸福就是一生一世一双人……其实，所谓的幸福不过是为了一种满足感，一种无悔的快乐。

日落时分，牧人准备赶着牛群回家。可是，当他清点数目的时候，却发现少了一头牛。牧人在草原上寻找丢失的牛，直到天黑也没能找到。牧人知道，小牛可能是被人偷走了，于是他跪地祷告："神啊，我愿意奉献一只羊出来，只要让我找到那个偷牛的贼。"

牧人祷告完，继续寻找丢失的牛。走到一个山冈处，他看到远处有一只老虎在撕扯着那头牛。牧人吓坏了，他又一次向神祈祷："神啊，刚刚我说如果让我捉到偷牛贼，我愿意献出一只羊。现在，我看到偷牛贼了，也愿意履行我的承诺。但是，如果能够让我从老虎嘴下逃生，那我愿意再献出一头牛。"

这则寓言和幸福有什么联系？或许没有表面的联系，但仔细思考就会发现，我们的幸福有时就像是牧人的选择。从结果来看，牧人失去了两头牛和一只羊，他应该感到郁闷。但换个角度看，会发现他过得也不错，至少他知道了偷牛贼是谁，还捡回了一条命。

当然，这在于他的选择。人生就是如此，你想获得什么，总要付出些什么，这就关乎你的选择了，你选择拥有的过程，也就是选择了放弃的过程。人生路是条单行线，没有回头路，也没有多选题，你只能作一个选择，选其中一条路。

聪明的人懂得，不管自己选择的路是否正确，都已经没有转圜的余地了，既然如此，就想办法哼着歌度过沟沟壑壑。到最终，回忆往事会发现自己有着别人没有的经历，一路艰辛却也快乐，不失为理想的幸福，不失为幸福的人生。

不过，并非所有人都能看开的，他们总是不愿意放弃，总想将所有的选项都试上一遍再做对比，但这样的结果往往是精力透支，不要说坐拥一切了，说不定还会丢失所有。

一位中年女子走进了一家大公司的大门，她曾是某家公司的部门经理，这一次她希望在这家刚开始运作的新公司谋求到比从前更高的职位。

工作人员把她领进了屋，告诉她："现在，请您到隔壁的房间，那间屋子有多个门，每个门上都写着您所需要的工作的资料，你可以随意选择。如果您觉得哪个职位适合您，就看一下桌子上的资料。不过，当你离开一个门的时候，它就会自动锁上。也就说，您只能够前进，而不能后退。祝您好运！"

听完了介绍，她径直向隔壁的房间走去。

房间里有两个门，第一个门上写着"前台"，另一个门上写着"助理"。她毫不犹豫地选择了后者。

紧接着，她又看见两个门，左侧写的是"销售助理"，右侧写的是"经理助理"，她觉得后者与公司领导层接触的机会多，更有发展前途。于是，她走进了右侧的门。

她打开"经理助理"这个门之后，在房间里翻阅了一下资料，以她的能力完全可以胜任这个职位。在她翻阅资料的时候，突然看到房间里还有两个门。果然，她看到上面分别写着"市场部主任"和"行政主管"，她放下了手中的资料，走进了贴着"行政主管"的那个门。

进门之后，她没有看桌子上的资料，直接把目光盯在了屋内的门上，一个写着"文员"，另一个写着"客服"。她迟疑了一下，怎么职位变低了？难道自己走错了门？她疑惑地推开了写着"文员"的门。

这一次，她又看见了三个门，一个写着"财务部总监"，另一个写着"生产部总监"，还有一个是"人力资源部总监"，因为自己不懂财务等知识，她最终选择了"人力资源部总监"。

进入"人力资源部总监"的门之后，她又打量了一下房间，果然还有一个贴着"总经理"的门，她又好奇地推开了门，可她没想到这一次她竟然站在了大街上。

她想再退回原来的房间，可那扇门已经关上了。门上有这样一行小字："公司能够提供很多职位，但唯一不缺的就是总经理。"

故事中的女人真的有能力当总经理吗？她或许只是有这种欲望和雄心罢了。就算当个文员又怎样？幸福，是眼下的生活，不仅仅是对未来的憧憬。

天底下没有免费的午餐，也没有十全十美的事。任何选择与收获都有机会、成本和付出。有些时候，当事情不如自己想象的那么完美时，我们也总要去做点什么。很可惜，这个有能力的女人欲壑难填，不懂得做一些合适的选择。

就算痛苦来敲门，你也要懂得它背后躲藏的幸福，不要被偏执的情绪所控制，坦然地放下遗憾，你便可以拥抱幸福。幸福是一种心情，不需要依存于任何外物，因为决定你幸与不幸的，永远只会是你自己。不管人生路有多远，你都是自己唯一的导演，学会编排自己的剧本，学会选择和放弃，你才能拥有淡然一笑面对起伏的人生，拥有海阔天空的人生境界。

泰戈尔说过："当鸟翼系上了黄金时，它就飞不远了。"幸福很简单，不要给它赋予太多的符号，给它太大的压力。放下是生活中适时做出的清醒选择，学会放下，才能轻装上阵，安然地等待生活的转机，顺利渡过人生中的风雨。

爱情不是依赖的借口，除了爱，你还有自己

在爱情中，女人总是非常习惯于依赖。女子柔弱、善良、感性，自古以来就被人们比作花，而常常把男人比作树，高大挺拔，坚强不屈，为家人遮风挡雨，是顶梁的木、擎天的柱。女子如花，千娇百媚，芳香四溢，使人心旷神怡。世界上既有花，又有树，各有千秋，这才构成阡陌红尘。

女子如花娇艳自然不假，但若身心过于娇弱，一味地依附大树，一旦被风雨浸湿就香消玉殒，也只能"无可奈何花落去"了。纵然有"零落成泥碾作尘，只有香如故"的留恋和叹息，也只能是一种遗憾。看上去再美的爱情也逃不过一拍两散的结局，爱终将陷入尘埃里。

爱情应该是自由的，两个人只能组成一个家庭，却永远不能成为一个人，这是现实。我们的生命中只有一个爱人，却有无数的过客，不到最后，你也不知道谁才是那个陪伴自己一生的人，所以不要一开始就认定那个不适合自己的人。如果他是你的，那么兜兜转转你们仍会相遇；如果他不是你的，不管你如何死缠烂打也没有结果。

而且，生命如此多彩，除了爱情之外，我们还拥有着更多、更重要的东西，根本没必要把自己绑在所谓的"爱情"上，与世隔绝。要知道，除了爱，你还有你自己；除了爱，你还拥有全世界。

当年爱玛年轻漂亮又多才多艺，吸引了众多异性的倾慕眼光，最终她嫁给了一位英俊潇洒、事业成功的男子，所有人都觉得她的前途一片光明。爱玛也觉得自己"背靠大树好乘凉"，于是干脆辞掉工作回家了，不看书了，也不跳舞了，整天搓麻将，追求服饰品牌，花钱如流水。结果不到一年，老公和爱玛提出了离婚。爱玛悲痛欲绝，眼

泪不止："为了支持他干好事业，我放弃了自己的工作，一心一意地照顾他的衣食住行，万万没想到他居然要跟我离婚……"

爱玛的遭遇实在令人同情，但她的老公似乎也满腹委屈："当初爱玛不仅长得漂亮，而且勤奋好学，这正是吸引我的地方。可结婚后她没有自己的追求了，把全部的希望都寄托在我身上，不好好工作、没有什么追求不说，还总是喜欢黏着我。我的工作需要常常出差，她有事没事总是发信息，晚上半夜还要发，要是我不给她回信息，她就伤心了。唉，我多么希望，她在情感上是一个能够倾诉衷肠的温柔女子，在事业上是一个独立果敢的理智伙伴。"

也许你会说，爱玛的遭遇只是一个意外情况。但假如，两个人的生活中你只知坐享其成，依靠对方生活，只知享用不知付出，那么你不可能感到快乐，对方更不可能快乐。每个人都有自己的存在价值，每个人都是独立的个体，若是为了寻求安全感而没有限度地依赖对方，那么最终你将什么也剩不下。

若真正爱一个人，那就该给他自由和祝福，而绝不是意气用事，死缠烂打地伤害他。也许，十几岁的孩子不懂这一点，但已经成熟的我们不能再犯这样的错误了。也许你会觉得，死缠烂打就是一种坚持，一种对爱情的忠贞追求。但事实上，并不是绝大多数人都愿意享受这样的乐趣。没有人喜欢被像苍蝇一样的人整天围着转。更何况，你的内心会更加痛苦。喜欢死缠烂打的人，都会有一种疲惫的感觉。久而久之，这种情绪将会转化成为恨。正所谓"爱有多深，恨就会有多深"，当你的爱永远得不到回应时，巨大的伤痛会毁了自己，使自己一蹶不振，甚至做出极端的事情来。这个时候，你的爱已经变质，变成了一种报复、一种占有、一种毁灭。其实，有时不仅仅女人有依赖过度的问题，男人也可能依赖女人。虽说生活累时女人也该给男人一个港湾，但若是过度依靠，女人也会觉得疲倦。

方唐是个长相帅气的小伙子，加上学习优异，他一直备受异性追捧。而他的妈妈也以自己有这样的一个儿子感到自豪。为了让自己的儿子安心学习，她从来不让儿子插手家务事。

到了该结婚的年龄，方唐经朋友介绍认识了玛丽，玛丽长得很漂亮，也温婉可人，还烧得一手好菜，很快就俘获了方唐，两个人步入了婚姻殿堂。但当结婚后，玛丽发现问题了。

方唐从来不做家务，如果她出差，回家后方唐能够将房子弄得风雨过境一样，几天的碗不洗，衣服也不洗，被子也不叠……

对于方唐的懒散，玛丽并没有直接指责他，而是找到了自己的婆婆，方唐的妈妈听后，将儿子叫到身边，劝解儿子。可方唐不以为意，他觉得自己没必要去做这些事，因为玛丽可以打理好一切。

这样的问题在现实中并不少见，也往往是夫妻双方产生矛盾的原因。男人觉得女人可以做，所以自己就能够依赖她，而女人想男人将这当作自己的职责，整个家庭都靠自己操持，自然委屈，所以就有了各种各样的矛盾、争执。时间久了，爱自然淡了，若是矛盾还在，那么两个人只能渐行渐远。

爱情是两个人相守相依，在爱情当中，两个人要共同经历风雨，这使人们感到安心，因为身边有了依靠。但若是依赖过度就会成为一种病态，爱情也会在你的过度依赖中消逝。

一个家是两个人组成的，无论男人还是女人，在难熬的时候都可以依赖对方，但不要忘了自己同时也是对方的依靠，在对方难过的时候也要给爱人一个肩膀、一个怀抱。不要像长不大的孩子那样了，爱人需要你的疼惜，而不是无休止地照顾你。

享受爱，别依赖爱，你的生活才能幸福美满，你才能尝到幸福真正的味道！

婚姻是一场刺猬与玫瑰的爱情

记得有位哲人说过："爱情就像手中的沙子，握得越紧，流失得越快；当你微微松开手，给它点缝隙，反倒留住了沙。"在爱情平淡期，最好的保鲜方式就是放松，哪怕再爱，也要给彼此留出一点呼吸的空间，不要做缠藤树。爱不是占有，而是给彼此自由。

快到下班的时间了，他的手机震了起来。

电话那头传来了女人柔柔软软的声音："老公，今天你单位忙吗？要是没什么事的话你去接孩子吧。晚饭随便弄点，等你做得差不多了我也就到家啦。"

这是一个朋友眼中幸福的小女人，丈夫对她呵护备至、体贴有加，把她像宝一样捧在手心里，家中大小家务几乎全部包揽。

"又要和朋友去逛街吗？你就不能主动回家做次饭？"

这话音，显然是丈夫今天的心情不好。女人也没多问，转而娇滴滴地说："好吧，今天就让我表现表现！你出去散散心，别惦记家里，晚上开车注意安全……"

果然，丈夫没有准时回来做饭、吃饭。饭桌上，孩子问妈妈，爸爸怎么没有回来吃饭，女人说："爸爸想失踪一会儿。"

孩子眨眨两只大眼睛，不解地看着妈妈。女人刮了一下儿子的小鼻头，笑着说："乖宝贝，不用担心爸爸，他只是出去放放风，就像捉迷藏一样。我们不用找他，时间到了，他自然就回来了。"

午夜时分，钥匙开门的声音。男人不声不响地进了厨房，把女人搞不定的一大摊子锅碗瓢盆和半成品收拾了一遍。

不知何时，两只柔软的手从后面抱住了他的腰。女人贴在丈夫的后背上，轻轻地说："我就想着你回来一检查，肯定不合格……"那声调，俨然一个犯了错的孩子。男人顿时笑了，转过身一手把女人抱在怀里："亲爱的，你辛苦了，还有……谢谢你理解我。"

因为爱，所以在一起；在一起，却不等于如影随形。爱是彼此的城堡，每个人都需要呼吸的空间。爱是相依相恋，不仅仅是相互占有，在平淡的流年里，学会不缠绕、不牵绊、不占有，偶尔把心窗打开，让自己的爱、让对方的爱，出去透透气。如此，爱才能变得更加鲜活，你无须惧怕失去而拼命抓住不放，爱不会随风而去。

你大概也听过两只刺猬的故事。天气寒冷的时候，刺猬为了取暖，拼命地往一起靠，可它们靠近时身上的尖刺又会刺痛对方。于是，它们又分开，分开后因为冷又重新聚在一起，刺痛了再分开。反复试了几次之后，它们终于找到了彼此间最佳的距离，既能够温暖自己和对方，又不互相伤害。想想爱情和婚姻，不也是这个道理吗？找到那个小小的距离，最恰当的距离，才能让爱恒温。

转眼间，7年的时光，行云流水般过去了。夫妻二人每天重复着同样的生活，不同的只是那颗越来越焦躁的心。

一天，女人对男人说："我要出差一周，会比较多，这期间不要给我打电话，办完事我自然就回来了。"嘱咐过后，女人带着行李箱走了。

其间，他因为一些琐事给她打过电话，关机。给女人的公司打电话询问，却被告知请假一周。

男人心里突然感到不安，他发疯一样地到处寻找，给她的朋友一一打电话。最后，终于在一家宾馆里找到正喝着红酒，听着慢摇音乐，穿着睡衣随着音乐扭动着的她……看到她这个样子，他惊呆了。看到他突然出现在自己面前，女人也惊呆了。

他有些失控，疯了一样地奔向女人，抓起她的手腕，然后又开始四处搜寻，想要找到自己想象中存在的那么一个男人。可惜，什么也没找到。

他质问她："你这样躲躲藏藏，到底想隐藏什么？"

女人淡淡地说："藏我自己，偶尔……"

"为什么要藏自己，难道你想逃离我们的爱？"

"我想守住我们的爱。所以，我带它出来透透气，吹吹风，为它保鲜。"

爱情最怕没有"变数"，这种"变数"指的不是"不坚定"，而是生活中可以人为制造的一些美好的小插曲。当往日的激情化为平淡的生活，人们要做的不是任其洗刷、磨灭自己对爱、对生活的美好憧憬，而是要学会享受平淡，并在平淡之中幻化美好。就像故事中的女人一样，偶尔给爱透透气，为爱保鲜。

微博上有这样一段话：如果你问一百个女人，最让她感动的三个字是什么？多数女人的答案不是"我爱你"，而是"在一起"。

女人都是带着美好的憧憬走进婚姻围城的，能够在有限的生命中遇到最美的爱情，她们势必格外珍惜，而每一个"在一起"的日子无疑就成了生命中最可贵的时光。男人的感情虽然没有女人这样外露，但对美满爱情的憧憬是一样的，他们更在乎细水长流。

可惜的是，生活并不能如人所愿。时间久了，两个人之间的浪漫爱情落实到了柴米油盐的婚姻中，一切变得那么现实、那么没有悬念，往日的缠绵悱恻和朝朝暮暮的情怀，似乎也渐渐消退了。当初那怦然心动的感觉，也开始变淡；拉着对方的手，就像拉自己的手一样；曾经的约会，成了简单的一起出行；就连夫妻间最亲密的那件事，似乎也成了例行公事……人们习惯把这样的生活说成"嚼蜡"，索然无味。世人常说的"三年之痛"，无不是在形容很多人对于褪去爱情外衣的婚姻生活的心灵感受。

没错，真实的生活确实平淡无奇，不可能每天都有玫瑰和烛光晚餐，也不可能每天都有激情四射的热情。可仔细想想，任何一段婚姻，最终都要回归于平淡，都无法逃脱这样的模式。只不过，那些令人羡煞的圆满的婚姻背后，都有一个睿智的人，懂得在平淡的日子里守护好那份爱，让它不褪色、不走样。

心理学家说过，盯着一件东西看久了，就会觉得看到的东西不是印象中的样子，从而产生陌生感。当然，东西本身没什么变化，只是人产生了错觉。爱人也一样，太熟悉了往往就经不起琢磨。如果过早地与对方没有了距离，会让对方感到冷漠。在一起久了，偶尔制造点小距离，给自己、给对方一点自由的空间，用以往没有尝试过的方式去沟通，反倒能带来一些意外的收获。当然，这种距离不一定是物理上的，更重要的是心理上的，给彼此一个独立的空间。

或许有些人会觉得，这样细腻的情感只有女人才有，但实际不然，两个人之间如果没有了距离，除了会看到对方的优点，更会看到对方的缺点，时间久了，难免两看生厌。所以，有时保持一点距离，其实是在为彼此的爱保鲜，别让依赖成为爱情的包袱。

第八章　逼自己，在放弃的时候

DIBAZHANG

——不是坚持太难，是放弃太容易

人生就好像在挖隧道，手中即便拿着图纸，也总能挖掘到各种各样的意外。你永远不知道自己距离宝藏还有多远，当你放弃继续挖掘的时候，也许前方依旧是沙土，也许只要再坚持一步，便能收获宝藏。

这个世界上，失败者永远都比成功者更多，因为对于大部分人而言，放弃总比坚持要容易得多。

怯懦囚禁人的灵魂，希望才可感受自由

"怯懦囚禁人的灵魂，希望才可感受自由。"这是电影《肖申克的救赎》里主人公安迪说的一句话。

也许，现实生活的残酷远没有电影结局所表现出来的画面那般动人，但当我们面临人生困境的时候，是绝望还是希望，却是可以从中获得的。就像那句话："你不必害怕沉沦与堕落，只消你能不断自拔与更新。"而这种更新的基础，就是内心永远憧憬着未来的希望。它像一扇窗，让我们不再受制于紧紧包裹着的世界，倾听内心的世界，感受自由，体味轻舞飞扬的人生。

安迪在高墙里和瑞德聊天："我希望去墨西哥的一个小岛；我希望去太平洋，用墨西哥语言说，那里叫作'失去记忆的地方'；我希望有一个小旅馆；我希望有几只废弃的小船，然后自己动手把它修好，带着我的客人去海上钓鱼……"

而这里的高墙，就是横阻于灰暗的囚禁和纯净的自由之间的一扇屏障，是肖申克监狱的界限。更多地，它是囚禁人们内心的枷锁。

安迪就是要在这所监狱里残度余生的囚犯。在1947年的美国，缅因州的一位年轻的银行家安迪被指控枪杀了妻子和她的情夫，因此被判终身监禁，从此开始了在肖申克监狱里的生活。安迪并没有杀人，但在监狱里的每个人都声称自己是"被冤枉的"，因此他的申诉显得是那么苍白可笑。

肖申克监狱里还有另一名罪犯，是那里的"权威人物"，因谋杀罪被判终身监禁，已服刑20年，但数次申请假释都未获批准，他叫瑞德。之所以"权威"，是因为瑞德可以为囚犯们弄来香烟、糖果、酒，甚至是大麻。瑞德答应安迪帮他弄到一把岩石锤，让他雕刻石头来消磨监狱里的时光。

而安迪面对残酷的现实，在20年的时间里，利用这把小小的岩石锤挖通了牢墙。终于，在一个风雨交加的夜晚，安迪爬过500码的下水道，逃出牢笼。

获得自由的安迪揭发了典狱长的恶行，并且利用典狱长贪污受贿的钱在太平洋上买了座小岛。后来，瑞德获得假释。在一个阳光明媚的天气里，两位牢友终于在太平洋上那座自由的小岛上重逢。

不管经过多长时间，不管经历过怎样的困境，安迪的希望最终都实现了。因为，他一直相信着自己的未来，不管他生活的环境多么肮脏，他都不认为这是自己人生的终点。有多少人终其一生没能到达理想的国度，在现实中自怨自艾？其实不是命运不给你机会，而是你放弃了心中的阳光，任由乌云占领了自己的内心，让潮湿的心发霉、腐烂，最终希望也化为乌有。

电影中有这样一个细节：

在囚犯们外出劳动时，安迪争取了警卫队长的信任，通过自己的会计专长为大家赢得了两箱冰镇啤酒。囚犯们兴高采烈地喝着久违的啤酒，而安迪只是坐在一旁微笑着注视着这一切。

就连瑞德都说，那一刻，"我们坐在春光下喝着啤酒，像自由人在修理自家的屋顶一样，我们是万物之主"。

其实，安迪冒着生命危险想要赢取的，绝非这区区两箱啤酒。他从来不曾放弃的，是他自己和其他囚犯自由的感觉，哪怕这种希望只有一点点。

从这个细节我们不难看出，尽管自己身陷冤狱，尽管自由已经被剥夺殆尽，但是安迪却从未丧失信心，一直对未来充满希望。影片中说："有一种鸟是永远也关不住的，因为它的每片羽翼上都沾满了自由的光辉。"

安迪第二次做出惊人的举动是在播音室里，他通过高音喇叭向囚犯们播放了歌剧《费加罗的婚礼》，让整个肖申克监狱都为之震撼。也许他们"听不懂意大利女士唱的是什么，也根本没想听懂，因为有些东西无须言语来表达"。

但是，音乐却从麦克风中穿透出去，华美的女高音带着空灵的自由在高墙内飞翔，那一张张曾经写满过罪恶的囚犯们的面孔，还有平日里穷凶极恶的狱警们的面孔，都在这一刻变得虔诚而高贵，听着这涤荡灵魂的天籁之音。

音乐让"每一个人都相信，那是世界上最美好的事物，美得无法用语言描绘，美得让人心痛。歌声高亢悠扬，超越了囚犯们的梦想，就像一只美丽的小鸟飞进了高墙，使他们忘记了铁栏的束缚。此时此刻，肖申克里的所有人都感受到了自由"。

在最易磨灭希望的监狱里，安迪用这些方式提醒着自己和身边的人们——这世上还有无法用高墙铁栏围起的地方，这是任何人都无法随意触摸的：这便是存于每一个人心底的希望！只要有希望，一切就都有可能。

6年里，安迪每周给州长写一封信，希望得到捐助扩建图书馆。开始人人都说不可能，但他最终建成了全美最大的监狱图书馆，让囚犯们享受着音乐的洗礼，接触到外界的知识。在辅导年轻囚犯考取高中文凭时，安迪将对方揉烂的试卷从废纸篓中拾起，寄出，最终使对方获得了文凭认证。

其实，每个人都是自己的囚徒，人们在自己的心外围建起了不可逾越的高墙，在上面设置了电网，暗示自己不能逾越，或许是一种自我保护，但也是一种自我封闭。没有绝对的绝境，只有相信绝境的人。

希望让人自由，只要心存希望，就没有过不去的狂风和暴雨。相信希望，就是给了自己一个光明的未来！

诚然，生活中有太多的东西是不以人的意志为转移的，也有很多时候是令我们失望的。也许，我们做着自己并不喜欢的工作，我们一直没有缘分和自己相爱的人在一起，就连每年过生日或除夕零点时许下的愿望也都不一定能实现。太多的希望都只是在人们双手合十中跳跃，却从来没能进入过我们的生活。

然而，那长存于我们每个人心中的自由和希望，是如此迫切地需要救赎。这就如同需要一个公正的上帝，来通过安迪，安慰和拯救更多的灵魂。

希望也是一种坚持，你坚信乌云背后有阳光，就可以在漫长的黑暗中默默等待，直到阳光普照，美好到来。

习惯放弃的人，第一个就放弃了自己

世间最容易的事是坚持，最难的也是坚持。说它容易，是因为只要心中有信念，每个人都可以做到；说它难，是因为能够真正坚持下来，给梦想足够时间的人太少。

读过《致加西亚的信》这本书的人，一定还对故事中的主人公罗文记忆犹新。书中讲道，罗文接受了一个任务——给加西亚将军送信，可是谁也不知道加西亚将军在什么地方，谁也不知道如何才能联系上将军、怎样才能到达？面对这样的难题，罗文没有多想，他努力去执行这个看似不可能完成的任务，历尽艰辛把信送达了目的地。至于罗文在徒步三周、历尽艰险、走过危机四伏的国家，把信送到加西亚手中的过程中是否抱怨过，我们不得而知，书中也没叙述。但我们可以确定一点：如果没有执着和坚持，在重重困难中，罗文肯定是完不成任务的。

没有执着，蚂蚁可以不用再忙忙碌碌地觅食，太阳可以不用每日东升西落，沙漠可以不必拥有绿洲，海水可以不用潮汐更替，鲜花可以不用年年争相开放，苍鹰也不用不辞辛苦地练习飞翔……可若如此，这个世界会变成什么样？

有一位了不起的推销大师，一生中取得了无数辉煌成就。年老的时候，他不再致力于推销各种商品，而是四处演说，传授推销技巧。

有一次，他接受邀请，进行一场演说。知道推销大师的到来，人们很早就坐进了会堂中，毕竟成功的经验这种东西没人嫌多。

演讲开始的时候，大帷幕拉开了，人们看到舞台的中央摆放着一个架子，架子上吊着一个巨大的铁球。推销大师走上台后，向人们鞠了一躬，台下响起了热烈的掌声。接着，大师邀请了两位强壮的听众，给了他们两个大铁锤，让他们对着铁球敲，直到铁球能够荡起来。

刚开始，这两个听众信心满满，毕竟他们有的是力气。可奇怪的是他们用力地敲过去，铁球纹丝不动，还将他们的手臂震得发麻。不管他们怎样用力，铁球就是不动。最终，两个听众挫败地回到了听众席。推销大师没有说什么道理，只是从口袋里掏出了一个小铁锤，然后对着铁球轻轻地敲了一下。停顿过后，他再次用小铁锤击打铁球。就这样，他敲一下，停一下，整个过程持续了整整40分钟！

最开始的10分钟，人们还很淡定；20分钟过去后，一些人看上去有些浮躁；30分钟过去后，整个会场都开始骚动；直到40分钟后，有个坐在前排的人突然说道："铁球动了！"

这时人们才停止议论，整个会场瞬间安静下来，人们聚精会神地观察铁球。这个球虽然摆动的幅度很小，但是仔细观察就会发现它确实在动。即便这样，大师仍旧没有停下来，他依然敲打着铁球，最终铁球越荡越高，全场爆发出热烈的掌声。

这就是所谓的蝴蝶效应。虽然很多人都认为蝴蝶飞不过沧海，但没人知道蝴蝶在大洋彼岸扇动翅膀的影响力有多大。任何成功都不是一蹴而就的，所有的成功都是积累而来的，没有人能够一步跨过沧海，但是你在海上哪怕只有一叶扁舟，也能助你到达成功的彼岸，自然，关键在于你是否懂得坚持。

没有什么事能够随随便便成功，没有挫折和努力的终点不是尽头。人可以平凡，却不能平庸，即便你没有什么鸿鹄之志，但你也该有着自己的幸福和未来。不懂为自己的明天铺垫、努力的人，最终就只能和未来的美好无缘相遇，有时只需要一些坚持，你便能发现人生的奇迹。

小小的水滴，力量微弱，可在长年累月的坚持下，它能滴穿坚硬的石头。人可以脆弱，但不能一直脆弱，在困难面前可以恐惧，但不能退缩，要有水滴一样的韧性。追随着自己的内心，在时间的跑道上，不抱怨、不放弃，最终走到心中的目的地，与最好的自己相遇。

坚持是一种不放弃的毅力，说来简单做来难。正是因为如此，能够品尝到成功滋味的人只是极少数。虽然你通过努力、坚持不一定能够成为伟人，但一定不会成为庸人。你是自己人生的创造者，这种喜悦是别人羡慕不来的。

人生的成功贵在争取，不论生活给了你怎样的磨难，只要你坚持不懈，最终成功一定会对你露出笑脸！

丘吉尔说：绝不、绝不、绝不放弃！

人们通常以为：聪明人要更容易成功。但如果你注意观察，一定会发现，一个人成功与否和他的智商没有直接关系。事实上，很多成功者都资质平平，看上去并不那么聪明。但他们几乎都有一个共同的特点，那就是拥有极强的专注力和顽强的毅力，以及在任何情况下都心如磐石的决心。正因如此，他们很少受周围环境的诱惑，也不偏离自己最初的成长轨道。

成功就是一种成长，但大部分人崇尚的是一夜暴富，认为这样的成功最具说服力，虽然不能否定这种可能性，但能够一夜暴富的人毕竟是少数。成功不是投机取巧得来的，而是日复一日的坚持和积累创造的。看一看那些成功人士，无一不是日复一日的坚持才换来了最终的成功。

如果你是一个内心坚定的人，那么你在乎的就不会是前方到底还有多少未知的困难，也不会在意自己还要坚持多长时间。你只会在意自己是否在坚持。

一次，英国首相丘吉尔被邀请到一个大学进行演讲，而演讲的主题又是有关成功。在演讲的当天，人们将礼堂挤得水泄不通。因为有太多的人渴望从中汲取到成功的营养。

在演讲之前，全场掌声雷动。掌声过后，人们都翘首以盼。丘吉尔缓缓走向演讲台，慢慢地说："成功的秘诀有三个……"说到这里便沉默了。场下异常安静，人们纷纷准备记录，看看丘吉尔能够说出什么富含哲理的惊人语句，"第一个，是绝不放弃。"话语坚定有力、简练精当。人们在兴奋中静听下文。丘吉尔接着用缓缓的语调说："第二个，是绝不、绝不放弃！"全场在期待着，不知道丘吉尔葫芦里卖的什么药。"第三个，是绝不、绝不、绝不放弃！"丘吉尔大声地说。这几句话说完以后，丘吉尔穿上大衣戴上帽子离开了礼堂。在这个时候，整个礼堂异常安静，一分钟后，突然掌声雷动。

在今天，不知道还有多少人依然坚持着自己的梦想，还有多少人依然坚持着等待梦想成真的那一刻。坚持，其实是对毅力和勇气的极大考验。对于坚持的力量，用最实际的例子或许比语言更具说服力。

一天，一只河蚌不小心吞下了一粒沙。

沙子进入河蚌的身体后，感觉非常不舒服，又热又闷。它四下环顾，竟然发现身边还有一粒沙，显然，这个沙粒比自己进来得还要早一些。

"这里难道就没有出口吗？你在这里待了多久了？"沙粒问。

"唔，我也不是很清楚，大概有几天了吧。"另一粒沙子回答。

"这几天都没有出去的机会吗？"

"当然不是，想出去还是很容易的，它张嘴时你就可以出去了。"

"那你为什么不逃跑？"

另一粒沙听了摇了摇头，认真地说："我不想成为平凡的沙粒，我要成为一颗珍珠，只要我能坚持在蚌壳里待着，最终一定会蜕变的！"

沙粒听了感到好笑："别开玩笑了，想成为珍珠？沙子就是沙子。你肯定心理有病，我才不要和你一样在这儿发疯呢！"说完，沙粒就趁着蚌壳打开的机会逃离了又闷又热的蚌壳，继续在海底沉淀。

那粒有理想的沙子依旧不为所动，每天有无数的沙子随着蚌壳的打开来来去去，只有它坚守在蚌壳内。几年过去后，果然就如它预想的那样，自己成了一颗巨大的珍珠。一天，一个人发现了它，并将它点缀在了女王的皇冠上。而那粒曾经劝说它的沙子呢？它自然不知道这一切，还在海底安安静静地沉睡呢！

很多人羡慕他人的成功，觉得他人是赶对了时机。其实很多人都忽略了一个最简单的道理，那就是坚持的力量。每个人都有成为珍珠的机会，但不是每个人都能真的成为珍珠。成长其实说白了就是一种蜕变，是从平凡的沙粒蜕变成珍珠的过程。

这个世界有时候很吵闹，能够在这样的环境中静下心来，专注于某一项事业，内心不受其他欲望和诱惑的摆布。在坚持的过程中虽然可能会放弃很多机会，但是只有不断坚持的人，最终才能成就一番大事业。

其实，比起拥有多少，大多数人往往更在意失去多少。人生路很长，忘记自己所拥有的，只争取自己想要的，最终你一定会发现，自己已经蜕变成理想中的样子。

坚守到底，世界都不好意思拒绝你

大学毕业后准备考研的人，通常会发现一个很有趣的现象：在听各种考研讲座的时候，发现有意向考研的人多得令人心惊；等上考研补习班的时候，发现报名上补习班的稍微少了一点儿；等正式到考研报名的时候，发现人虽然依旧很多，但似乎报名上了考研补习班的人中有不少没有报名参加考试；等到进入考场一看，真稀奇，前后左右的人居然都没来，直接弃考……类似的情况在报考公务员、事业单位时，也可能会遇到。

出现这种现象其实并不奇怪，在现实生活中，当很多人竞争一个机遇时，因为竞争的人太多，每个人的成功率变得很低，许多不愿为不知结果的事白白浪费时间和精力的"聪明人"会直接选择放弃，只有那些有一线希望也要争取、认定绝不会半途而废的"傻瓜"会选择留下来搏一搏。结果在正式"比赛"之前，大部分"聪明人"已经自动离开，导致成功率急剧升高。于是，坚持到底的"傻瓜"，往往成为最后的成功者。

可见，一个人想要成功，真正缺少的不是机遇，而是那种坚持到底、永不放弃的精神。

在经济大萧条时期，众多家庭的收入剧减，很多父母再也没有闲钱给孩子们买玩具、零食和他们喜欢的东西了。这时，一个12岁的小男孩认为自己现在应该找一份工作，来增加家里的收入。

他走到街头，四处打听招工的事情，突然在一面墙上看到一则招聘广告：一家零售店想找一名男孩做见习店员。他急忙跑去应聘，到了那儿后，才发现想要工作的孩子真不少，连他在内，总共来了七个。

店主看了看这七个孩子，想了一会儿说道："孩子们，我看你们个个都不赖，但我不能把你们都收下，因为我只需要一个见习店员。怎么办呢？这样吧，为了公平起见，我给你们举办一个小小的比赛，谁的成绩好，我就收下谁。"

见七个孩子点点头，店主在地上插了一根小铁棒，又在离铁棒五六米远的地方画了一条线，然后交给每个孩子10颗小石子。"你们依次站在线外投掷铁棒，谁击中的次数最多，我就录用谁。"

孩子们开始争先恐后地走过去投掷起来。但是那根铁棒太小，距离又太远，七个孩子谁也没有击中一次。见天色已晚，店主说："既然你们胜负未分，我就不能决定录用谁。这样吧，你们明天再来碰碰运气吧！"

第二天，那个小男孩来了，他看到了其他三个孩子。"已经有四个人被你们淘汰出局，小家伙们，你们的机遇增加了不止一倍。让我们开始吧！"店主开玩笑地说道。

那两个孩子先后掷完了小石子，其中一个居然击中了一次，他胜利在握地看着即将"出场"的小男孩。只见，小男孩迈着自信的步子，走到那条线旁边，不慌不忙地投掷起来。他掷出10个石子，击中6次，惊得那两个孩子和店主目瞪口呆。

"孩子，一夜之间，你是怎样变得这么厉害的？"店主吃惊地问道。

"不瞒您说，为了能够赢得今天的比赛，我昨晚练习了一夜。"小男孩一边说着一边揉了揉酸痛的胳膊。

店主听了更为吃惊，说道："孩子，我决定录用你了。你要是始终用这种态度做事，将来一定大有出息！"后来，这个小男孩成了一家国际大集团公司的总裁。

所谓好运，无非做成一件成功概率极小的事。失败者看向成功者，往往感叹于对方的好运，却不知这种"好运"实际上早已在成功者背后不为人知的坚持努力中十拿九稳了。就像掷石子的小男孩，当其他人将胜负的希望寄托于"好运"时，他却用自己的坚持和努力牢牢抓住了机遇，将胜利十拿九稳地掌控在了手里。

人的一生就像挖井，哪怕事先经过严谨的评估，你也不能确定自己挖的这个地方，最后究竟能不能真的出水。很多人挖一会儿发现没有水，便会换个地方继续挖，周而复始下去，或许一辈子挖了无数的坑洞，却没有一处有水出来。有的人则不然，他们可能穷尽一生就只去挖那一口井，直至挖出水。

在历史的长河中，那些名垂千古的人中，许多便是耗尽一生去挖一口井的，如忍辱负重创作《史记》的太史公马迁，如倾注毕生心血写出传世之作《红楼梦》的曹雪芹等。他们耗费一生的心力，挖了一口名传千古的"井"，成就了一段坎坷却伟大的人生。

那些总是浅尝辄止的人，不论做任何事情，其实都没有坚定的目标，总是渴求快餐一般的成果，却没有丝毫的耐性去坚持、去等待。这样的人不管做什么事情，都是心猿意马，难以成功。

人这一辈子非常短暂，没有太多的精力和时间，让我们不断去尝试，重新开始。想要成功，就必须为自己树立明确的方向，找准一个目标，坚定不移地挖下去，直至成功地挖出水来。很多时候，我们的失败并不是因为找错了目标，努力错了方向，而是因为缺少一些耐性和坚持。或许在我们放弃打算重新寻找目标的时候，成功已经距离我们很近了。或许只要我们再坚持向前走几步，就能拨开乌云，见到我们渴慕已久的太阳。

无论做什么事情，坚持都是通向成功的必备条件，别在走了19里之后，放弃抵达成功的最后一里路。时刻提醒自己，再坚持一下，再往下多挖一寸，或许成功的泉流便能喷涌而出。

不是成功来得慢，而是放弃速度快

时间总是冷酷的，你催它也不会走快，你着急时它也不会放慢脚步。很多时候，我们唯一能做的就是耐心等待。如果你现在还没有足够的能力迎接成功，只能等待你能力成熟的那一天的到来。

在日本民间有一个流传了千年的故事。有两个老实巴交的渔民，一个叫大郎，一个叫二郎，两个人同样做着一朝成为百万富翁的梦。

有一天晚上，大郎做了一个奇怪的梦，梦见在小渔村对面的荒岛上有一个寺庙，庙里面种着七七四十九棵茶花，其中一棵开着鲜艳红花的茶花下埋着满满一坛黄金。

大郎第二天就划着小船去了对岸的荒岛。果然在岛上找到了一座寺庙，也见到了那四十九棵茶花。大郎满心欢喜，眼看现在已经是秋天，就只有等来年春天茶花开花的时候了，于是就住了下来。

谁知道，春风一吹，茶花开花，清一色的淡黄色，没有一株是红色的。他询问庙里的僧人，他们都告诉他从来没有一棵茶花开过红色的花。大郎长吁短叹着离开了小岛，白白浪费了半年的等待光阴。

大郎回去后，跟村里的人说了这件事。二郎觉得那棵红色的茶花一定是存在的，于是也驾船出海了。等二郎到小岛上时也是秋天，遂住了下来。庙里的僧人告诉他不用等了，没有一棵茶花是开红花的，二郎并不以为然，还是愿意坚持等等看看。

春天又来了，在淡黄色的茶花中，有一棵骄傲地吐出了红艳艳的生命。二郎高兴极了，沿着那棵茶花向下挖，果然挖到了黄金，从此变成了小渔村里最富有的人。

二郎的耐心等待等出了奇迹，而大郎则忘了把自己的梦想带入第二年的春天，于是两个人的命运被改写了。

等待虽然令人痛苦，让人觉得无从忍耐，但若是坚定了信念，相信自己的梦想正在尽头，那么再痛苦的忍耐也可能变为享受。让忍耐升级为享受的人，正是你自己！相信梦想并执着等待，下一个春天总会带给你奇迹和惊喜。我们为大郎遗憾，也为二郎高兴。在现实生活中，有多少大郎错过了自己的梦想，而有多少二郎愿意付出更多的忍耐和等候，最终与自己的梦想撞了个满怀。"冬天来了，春天还会远吗？"一句妇孺皆知的名言，多少年来给了多少人以等待的勇气。它教人们再耐心一点儿，再等一等，凛冽的北风很快就过去，河岸的杨柳很快就吐芽。

人生也是一样。也许此刻你正经历严冬，你瑟瑟发抖，不敢奢望未来从哪个方向向你投来春晖。如果你能够再多一点耐心，多一点坚韧，你怎么知道冰雪覆盖下的不是明年的春绿？春天也许会姗姗来迟，但迟早会到。春天是美好的，值得我们付出一切去见证。等待是一方面，审时度势，争取机会也是必不可少的。当时间将春天摆在我们眼前的时候，一定要想尽一切办法抓住机遇。

有一位中国留学生初到加拿大，希望可以通过打工来赚钱完成学业。刚开始，他只是骑着一辆破旧的自行车到处找工作，帮人放羊、收庄稼、割草……什么重活累活他都干过。那段日子真是他生命中严酷的冬天。

有一天，他正在唐人街的一家中式餐馆帮人洗碗，偶然在报纸上看到了一则招聘启事。这是一则来自加拿大电讯公司的招聘启事，招收数名线路监控员，年薪35000加元。年轻人意识到自己留学生涯中的春天到了，他一定要拿下这个职位。

这位年轻人本身就很有能力，果然他在面试中一路过五关斩六将，眼看就要签订最终的协议了，招聘主管却出人意料地问他："你有车吗？会开车吗？"原来这份工作需要时常外出查看线路，如果没有车简直没法做。

他初来乍到，手头又紧，怎么可能已经买车了呢？然而他深知这份工作机会不能错过，于是毫不犹豫地脱口而出："Yes！"

主管与他签订了协议，最后告诉他："四天后开车来上班。"

四天，对于一个没有车也没学过开车的人来说实在是太短了，但是话已出口，由不得他收回。于是，第二天他先去一位朋友那里借了500加元，在二手车市场买了一辆勉强可以开出门的甲壳虫，开始了他三天的学车生涯。

第一天，他向朋友请教了一些简单的驾驶技术；第二天他在朋友家的草坪上练习开车；第三天，他开着车歪歪扭扭地上了大马路。就在主管说的四天后，他开着车去公司报了到。

如今这个中国留学生已经做到了加拿大电讯公司的业务主管。

如果没有当时的毫不犹豫，恐怕这份影响他一生的事业的工作机会就要溜走。他正是凭借超凡的勇气，勇敢地把握住了人生的春天。

有时候，成功喜欢与人捉迷藏，你越是寻它它越不肯出现，用姗姗来迟来考验人的耐心。在等待成功或者寻找成功的路上，我们必须多一点耐心。也许就是因为你多等了一秒钟，巨大的危机转变成了转机；也许因为你多回头看了一眼，发现了从前未曾发现过的新的路径；也许因为你多抱了一点希望，奇迹居然真的出现了。

时间不会因为你的焦躁而改变步伐，这时我们需要的是耐心等待，耐心是给自己和成功的双重机会。这个过程中，你可以休养生息，调整自己，说不定下一秒成功就会敲响你的大门。

坚持下去，或许下一秒就迎来奇迹

雏鸡看着天上展翅翱翔的雄鹰，心里很不开心。同样都是有翅膀的动物，自己的翅膀却什么忙都帮不上，跑得急了扑棱扑棱，翅膀也只能帮自己保持平衡。同样是有翅膀的动物，为什么雄鹰就能够看尽天空的美景，而自己只能看向地面呢？

不理解的雏鸡去找母鸡，问道："为什么我们都有翅膀，但鹰会飞，我们不会呢？"

"那是因为鹰的翅膀大呀！"母鸡笑着说。

"那麻雀呢？它的翅膀比我们的翅膀小多了，可是它会飞，我却不会。"

"虽然相比之下麻雀的翅膀比我们要小，但对于麻雀而言，它的翅膀展开比身体还要大，如果按照比例来看的话，我们的翅膀太小了。"

雏鸡若有所思。

翅膀是鸟类飞翔的倚仗，翅膀的大小决定了它们的飞行能力。麻雀虽然会飞，但永远飞不到雄鹰的高度。对于我们而言，梦想就像是翅膀一样，你的梦想有多大，你的未来才有多宽广。你若是只想做一个吃穿不愁的人，那么你的梦想无异于雏鸡的翅膀，因为你所要的不过是衣食无忧，没有了更高的追求。但若是你有更高的追求，渴望看尽天下风景，那么你便会向着雄鹰的方向去努力。不管最终是否能够成为天空中的霸主，但你至少看到了雏鸡不曾看过的人生美景。

海阔凭鱼跃，天高任鸟飞。许许多多的人都将自己不能成功的原因归结于没有一个好的平台，因为环境不佳，所以跳不高、飞不远。

不是自己不愿付出努力，而是始终都得不到一个飞翔的机会，慢慢地，变成了无法飞行的鸟。

1987年，她14岁，辍学后在湖南益阳的一个小镇卖茶，1毛钱一杯。她人小，摊位小，可她的茶杯却比别人的大一号，每只杯子上盖一块能够遮挡灰尘的小玻璃片，茶水可以免费续杯。她的茶卖得最快，那时，她总是快乐地忙碌着。

1990年，她17岁，多数同行嫌卖茶不赚钱而改行，可她却把卖茶的摊点搬到了益阳城里，改卖当地传统的风味"擂茶"。擂茶制作很麻烦，但也卖得上价钱。那时，她配制出许多不同口味的擂茶，让每碗茶都有独特的风味。很快，她的生意就红火起来。

1993年，她20岁，这时的她仍在卖茶，只是她不再摆摊，而是在省城长沙有了一间自己的小店面。她在店中央摆着根雕茶几，每当有客人进门，她都耐心地泡上茶请人免费品尝。慢慢地，她的小店吸引了许多客人和茶商，而她也培养了一批品茶人。后来，通过朋友的介绍，她开始在其他城市开茶庄分店，并且还延续同样的经营模式，请人免费品茶，培养品茶人，然后茶叶一包一包地卖出去。

1997年，她24岁，在茶叶与茶水间滚打了整整10年。这时，她已经拥有37家茶庄，遍布于长沙、西安、深圳、上海等地。福建安溪、浙江杭州的茶商们一提起她的名字，莫不竖起大拇指。

2003年，她30岁，她最大的梦想实现了。"在本来习惯于喝咖啡的地方，也有洋溢着茶叶清香的茶庄出现，那就是我开的……"说这句话时，她已经把茶庄开到了新加坡、中国香港等国家和地区。

她，就是茶商孟乔波。

她曾经说自己只是个卖茶的，也永远是卖茶的，她会一条路走到底。在不同的人看来，她梦想的定位也不同。有的人会认为她的梦想太微不足道，但至少在孟乔波心里不是这样的，就算是一个卖茶的，但是在这条路上她要站得最高。

　　或许在别人看来，你的梦想会被嘲笑，但你自己不能嘲笑自己。在你的翅膀不曾展开的那一天，没有人能够真正了解你的能力。稳住自己，相信自己，不忘初心，就算自己的梦想在别人看来是异想天开，你也可以给自己一个拼搏的理由。

　　因为我一无所有，所以要拥有最大的翅膀，在最高的天空中翱翔！

接地气的爱更容易坚持，也更能够长久

俗话说"恋爱中的人都会变傻"，因为人们将爱情想象得太过于美好，用太多感性的东西看待爱，甚至全心投入、不顾一切。当然，爱情本是美好的东西，但是如果把一件事物想得超出现实，必然会受到深深打击，爱情也是如此。它不是十全十美的，背后也不全是风花雪月。

汤显祖在《牡丹亭题词》中说："情不知所起，一往而深。生者可以死，死可以生。生而不可以死，死而不可复生者，皆非情之至也。"是的，爱情是美好的，正如汤显祖所描述的爱情，更像是一幅永无尽头的唯美画卷。

但即便如水晶般的爱情，也会出现柴米油盐的琐事，处于恋爱中的男女更要以理性的眼光去审视自己的感情，理性分析爱情中出现的矛盾，很多的矛盾往往都是因为对对方期望值太高而造成的。最初的爱情是甜蜜的粉红色，往往会蒙住人的双眼，交往一段时间后，便会发现现实中很多事都不像自己梦想的那样，于是焦躁了，厌烦了，矛盾便出现了。

一对情侣去出海游玩，他们已经认识一段时间，正处于热烈的恋爱状态。不过，男孩有一个最大的毛病，他在处理事情的时候非常怯懦，这就是女孩为什么带他来出海，她希望通过这次出海，让男孩逐渐改掉坏毛病。

可是，当他们的船刚刚驶出海港不远，海上便起了大风，两个人乘坐的小艇被巨浪掀翻了，而这对情侣也不幸落入了海中，幸亏女孩紧紧抓住了一块木板才得以保住两个人的性命。女孩就问男孩："你现在害怕吗？"

男孩从怀中掏出一把水果刀，说："我害怕，但是，如果有鲨鱼来的话，我就拿这个对付它。"女孩摇头苦笑了一下，她再次看到了男孩的怯懦。

没过多久，一艘货轮就发现了这对情侣，正当货轮靠近的时候，一群鲨鱼也随之出现，并向着这对情侣游来。女孩大叫："会没事的！我们用力游，一定能获救的！"她拉着男孩奋力地向货轮游去。

男孩却不管这些，他使劲把女孩推进海里，自己趴在木板上，向着货轮的方向游了过去："我要先走了，鲨鱼太恐怖了！不过，我爱你！"男孩的话随着他的消失淹没在大海中。

女孩望着男孩逐渐消失的背影，不由得泪流满面，感到无比的失望。

这时候，鲨鱼向着女孩逼近，但是它们只是闻了闻就离开了，然后疯也似的向男孩的方向游了过去。男孩被鲨鱼撕咬着，他仍奋力地大喊："我爱你！我永远爱你！"

不一会儿，货轮到了，女孩被救了上来，而男孩则被鲨鱼吞进了肚子里。

甲板上的人们纷纷为男孩默哀，船长走到女孩身旁说："小姐，你请节哀！你的男友是我们见到过最勇敢的人。"

女孩面无表情，她冷冷地说："不，他不像你说的这么好，他是一个胆小鬼！"

"你怎么可以这样说呢？我们刚才用望远镜观察了男孩的一举一动，他把你推开之后，就游到了远处，然后用刀子割破了自己的手腕。鲨鱼对血腥味非常敏感，而正是男孩用自己的生命为你的安全脱险赢得了时间。如果不是男孩这么勇敢的话，恐怕你也不会安全地站在这艘船上。"人们期待轰轰烈烈的爱情，当一切时过境迁，归于现实，便产生了厌倦，觉得爱情消失了。但实际上，感情不是语言便能说得透的，就像故事中的男孩，他或许有些缺点，但在关键时刻，他会为爱情付出一切。男孩证明了自己轰轰烈烈的爱，难道这是女孩所期待的吗？结果当然不是，为了一个证明，她失去了爱人。

爱情给每个人带来了温暖，浪漫的情愫令人心动，但爱情不是童话，浪漫也只是小插曲。初恋的时候，每个人都很有激情，随着相识、相知、相爱，一切美好的尽头就是现实，当回归现实时有些人难以承受了，于是有了"婚姻是爱情坟墓"的话。但是，如果没有现实的婚姻那么爱情岂不就是"死无葬身之地"了吗？所以，珍惜身边那个让你"看透"却把你当成宝贝的人，珍惜身边那个"庸俗"却奋不顾身爱你的人，珍惜那份把你从童话世界带回现实生活中来的爱情吧。

你有缺点，希望对方完全包容，对方也是如此。两个个体组成一个家庭不容易，为什么不能对爱人宽容一点？若是爱情中的理想色彩过多，对理想太过于苛求，那便脱离了现实，再美的外貌也会有变老的那一天，再美的爱情也会走入现实。

爱情的感觉的确很重要，找一份适合自己的姻缘也的确重要，但是，考虑得太多就会迷失自己，错过那些原本的幸福。爱情不存在于幻想中，它是实实在在的生活，它可能很平淡，但这平淡就是幸福。

奇怪的是，很多本来温和的人在爱情中都变了样子，对对方无比挑剔，认为自己不该委屈自己，所以在爱情中兜兜转转，到头来发现其实曾经的爱情不是没有敲过门，而是被自己错过了。

爱情的世界中有太多的人被花言巧语迷惑，而忽略了那些真正的付出，风花雪月虽然美好，但是柴米油盐才更真实，每个爱情的最好结果就是婚姻，而婚姻就是现实世界。

因此，如果你的爱情并不那么梦幻，那么恭喜你，他是一个可以伴你终身的人。十全十美的爱只有电视剧中才会出现，假如你一味地追求风花雪月的美好，就永远不会找到爱的真谛，也永远不能体会到爱情的甘甜。

哪怕失去光明，也要在黑暗中欢笑

记得诗人顾城说过："黑夜给了我黑色的眼睛，我却用它寻找光明。"的确，身处黑夜，面对困境并不可怕，可怕的是丧失斗志，放弃希望。人生的成功与否，其实在于心境，在于我们能否在黑夜中寻找光明。事实上，黑暗中我们还有很多事情可做，要从容、淡定。

黎明之前必然经历黑暗，因为有了黑暗，探寻光明的价值才会充分体现出来。黑暗只是实现梦想的必经之路，因为黑暗的侵袭而放弃希望的人，最终只会被黑暗所吞噬。相反，那些在黑暗中仍然仰望光明并孜孜以求的人，终究会把无法事先布置的生命舞台前的那条黑色布幔拉开，看到色彩斑斓的宏图。

很多人都说盲人是弱势群体，但是她是无数个"中国盲人第一"的创造者：中国第一位女盲人钢琴调律师、第一位骑独轮车的盲人、第一位开卡丁车的盲人、第一位盲人跆拳道黄带选手、第一位加入世界杰出华人协会的盲人……很难想象这些成就是一位双目失明、患有先天性白内障的盲人所创造的。童年时，父母因她的先天性白内障而抛弃她，但姥姥留下了她，并给予她全部的爱。姥姥用尽全部心力来培养她、教育她、磨炼她，是姥姥的支持让这位从小失明的孩子勇于面对困难，勇敢而坚强地一路走来。

实际生活中，她并不像大部分人想象的那样没有乐趣，在与人交往的过程中，她是一个乐观开朗、爱好广泛的人。她考取了深水证，跆拳道晋升到黄带，她还喜欢弹钢琴，骑独轮车，喜欢猫，也喜欢画猫。但作为一名盲人钢琴调律师，她在刚开始找工作时却处处碰壁，几乎所有人都不相信盲人还会调音。一架钢琴，8000多个零件，闭着眼睛一一触摸，再调出精准的音律，这听起来似乎是件不可能完成的事，但她最终却把这种不可能变成了可能。她凭借自己坚忍执着的精神、熟练的技术、严谨的工作态度，最终赢得了客户的信任和肯定，开创了事业的新天地，成立了中国第一家盲人调律网。

黑暗的存在就是为了衬托光明，然而这个世界上也有和故事中女孩那样从未见过光明的人。虽然他们的眼前一片漆黑，但是他们的心中却充满着光明。可见，光明由心而生。我们为什么不能多察觉一下阴影背后的阳光，对未来多一点希望呢？

是人都会做梦，既然是梦，也就意味着会有梦醒的时刻。有人说，梦醒的时候是最难过的，因为暂时还看不到希望，但是也有人说梦醒时是最幸福的时刻，因为在梦醒之后就可以看到黎明的曙光。

不过，想要等到黎明前的曙光，首先要做的就是想办法度过漫漫长夜。这是一个艰难、漫长、备受"煎熬"的过程，同样也是一个必经的阶段。沉溺于自己梦想不愿醒来的人是懦弱的，他们害怕梦碎的一刻；不愿去梦想的人是可悲的，因为他们无法享受到梦幻变成现实是多么地令人欣喜。

海伦·凯勒是一个生活在黑暗中却又给人类带来光明的女性，一个度过了生命的88个春秋，却熬过了87年无光、无声的孤独岁月的弱女子。

然而，正是这么一个幽闭在盲聋的黑暗世界里的人，用顽强的毅力克服生理缺陷所造成的精神痛苦，竟然成为哈佛大学的毕业生，并在大学期间就和老师合作发表了她的处女作《我生活的故事》，讲述她如何战胜病残。这本书给成千上万的残疾人和正常人带来鼓舞，被译成50多种文字，在世界各国流传。

后来，凯勒到美国各地，到欧洲、亚洲发表演说，为盲人、聋哑人筹集资金，建起了一家家慈善机构，为残疾人造福，被美国《时代周刊》评选为20世纪美国十大英雄偶像。

"二战"期间，凯勒又访问多所医院，慰问失明士兵，她的精神备受人们崇敬。1964年被授予美国公民最高荣誉——总统自由勋章，次年又被推选为世界杰出妇女。

　　所有的光明和黑暗其实都可以在转瞬之间调换。有梦可以做、有光明可以企盼的岁月是幸福的，这种岁月不分年龄，只要你对未来还有期待，那么你就有权期盼未来的岁月，你就还有时间等待曙光的降临。

　　我们每个人就好像是一叶扁舟——面对浩瀚的大海，显得如此渺小、孤独和迷茫。然而，每个人的心灵救赎最终还是要靠自己。我们依然要有所期待、有所探寻，期待熬过黎明前最冷最暗的黑夜，用自己的双手赢得未来。

　　在光明下欢笑是一种本能，而在黑暗中欢笑则是一种品质，学会在黑暗中探寻光明吧。

压力面前，与其后退，不如迎难而上

美国麻省理工学院艾摩斯特学院的教师曾做过这样一个很有意思的实验。

实验人员用很多铁圈把一个小南瓜整个箍住，然后观察当南瓜逐渐长大时，能够承受铁圈多大的压力。最初他们估计南瓜最大能够承受大约500磅的压力。在实验的第一个月，南瓜承受了500磅的压力；实验到第二个月时，这个南瓜承受了1500磅的压力；当它承受到2000磅压力时，研究人员必须把铁圈捆得更牢，以免南瓜把铁圈撑开。最后当整个南瓜承受了超过5000磅的压力时，瓜皮才产生破裂。

最后的实验是，实验人员把这个南瓜和其他南瓜放在一起，试着一刀剖下去，看质地有什么不同。当别的南瓜都随着手起刀落噗噗地切开的时候，这个南瓜却把刀弹开了，把斧子也弹开了，最后这个南瓜是用电锯锯开的：它果肉的强度已经相当于一株成年的树干。因为在试图突破铁圈包围的过程中，这个南瓜正在全方位地伸展，吸收充分的养分，最终果肉变成了坚韧牢固的层层纤维。

假如南瓜能够承受如此巨大的压力，那么我们人类又能够承受多少压力呢？南瓜实验告诉我们：大多数的人能够承受的压力往往超过自己的预想。同时也说明：只要我们积极应对，人们的承受力将会是潜力无限的。如果能够用积极的态度和行动去应对压力，就能将压力化为成长的张力。

永远恐惧压力，你就永远被它压制，若是试着一点点地接受压力，那么你就如同这个南瓜一样，随着岁月的流逝会成长得无坚不摧。的确，压力在很多时候能激发出强大的精神力量，把人的潜能发挥到极点。在火灾中，一个姑娘竟然能够把一架需要五六个男人才能搬动的钢琴搬到了安全地带；一个八九岁的小男孩，在紧急关头为了救出压在汽车下的父亲，硬是一个人掀翻了一辆汽车。种种事例，充分说明了在压力面前，一个人的潜能有多么巨大。

有一位哲人说过："要想有所作为，要想过上更好的生活，就必须去面对一些常人所不能承受的压力，你得像古罗马的角斗士一样去勇敢地面对它，战胜它，这就是你必须走的第一步。"既然压力不可避免，那么我们何不学一学咖啡豆的精神呢？让自己享受这份压力，在压力中历练自己，让自己越发变得成熟而有魅力。

一位管理人士曾说过这样一句话："人生活在世界上，每天都像动物一样在大草原上猎食，有时丰收，有时失败；有时自己跌倒，有时看到别人跌倒。但是这其中最大的不同，就在于这个人多快才能站起来。"所以说，我们只有让自己尽快从压力中解脱出来，才能摆脱苦闷，我们也只有具备了乐观的生活态度，才能适应时代的变迁，走出只属于自己的优雅的步伐。就算压力像空气一般充斥在我们周围，我们也应该想办法呼吸。压力无处不在，这已经是一种无可改变的现实，抱怨也好，堕落也罢，都只是在强压之下扭曲的表现。改变不了现状，就想办法利用压力。就像能量可以转化一样，压力也能转化成动力，只要你将它看作自己的推动力，那么你就能够得到成功的原动力。

一艘货轮卸货后在返航的时候，突然遭遇巨大风暴，大家都惊慌失措了。就在这个危急时刻，老船长果断下令："打开所有货舱，立刻往里面灌水。"往货舱里灌水？水手们惊呆了，这个时候本来就危险，怎么还能往里面灌水呢？险上加险，这不是自己给自己找麻烦吗？不是自找死路吗？

此时，老船长镇定地解释道："大家见过根深干粗的树被暴风刮倒过吗？被刮倒的是没有根基的小树。"水手们半信半疑地照着做了，虽然暴风巨浪依旧那么猛烈，但随着货舱里的水越来越高，货轮渐渐地平稳，不再害怕风暴的袭击了。

大家都松了一口气，纷纷请教船长是怎么回事。船长微笑着回答道："一只空木桶很容易被风打翻，如果装满了水，风是吹不倒的。一样的道理，空船是最危险的，给舱里加点水，让船负重才是最安全的。"

空船是最危险的，给舱里加点水，让船负重才是最安全的。其实，人心何尝不是呢？心头放着一定的压力，才能砥砺出坚稳的脚步。如果像一艘空船一样完全没有负担，那么一场人生的风雨就能将之彻底打倒。在生活中，在这个四周充满竞争的社会里，谁要是拒绝压力，谁就注定无法生存。

因此，压力不是什么大不了的事情，关键的是我们如何看待。在压力面前，勇敢地去面对，并能把压力化作动力，在压力的不断鞭策下，迫使自己不断前进，压力就成了成功的催化剂。我们要想在激烈的职场竞争中取胜，在工作的方方面面做到精益求精，就必须学会与压力共存，化压力为前进的动力。

既然压力无人不有，无处不在，我们也没必要羡慕别人，因为那只是雾里看花罢了。要想真的让自己活得轻松快乐，我们还得靠自己拥有一颗善于排解压力、冷静对待压力的心。就像英国著名的心理学家罗波尔曾经说过："压力犹如一把尖刀。它可以为我们所用，也可以把我们割伤，那要看你握住的是刀刃还是刀柄。"

重头再来，不放弃任何一点小事

不管你是什么角色，生活中总是充斥着各种各样的大事小事，那些能够从容处理的人，一定会从细节入手。许多复杂的事是由一个个的小细节组成的，没有任何一件事情小到可以被抛弃。若是小事被忽略，那再大的事也不过是空中楼阁，没有了细节，再复杂的工作只能是纸上谈兵。若想成就一番事业，获得成功，那就要把每件小事做到位，由量的积累到质的飞跃，这样一来，成功也就水到渠成了。

有一个关于柏拉图的故事，说柏拉图看到一个小孩在玩一个荒唐的游戏，他就严厉地责备了小孩。小孩子说："就因为这点小事，你就责备我？"柏拉图回答说："如果养成了习惯，可就不是件小事了。"中国古代有很多这种由于小毛病造成危害的典故，"千里之堤，溃于蚁穴""失之毫厘，谬以千里"说的都是这个道理。

不管做什么事情，哪怕再小再不起眼，即使不需要什么技巧与能力，也要持之以恒、日复一日地做好。

每一件小事都值得我们去做，不要小看自己所做的每一件事。即便是最普通的事，也应该全力以赴、尽职尽责地去完成。小任务顺利完成，有利于你对大任务的成功把握。一步一个脚印地向上攀登，便不会轻易跌落。

如果我们刻意忽略了那些自以为烦琐的小事，那么时间久了，忽略就会成为我们的一种习惯，眼中无物，心中无物，更不要说什么成功了。

汤姆·布兰德是美国福特汽车公司的总领班。总领班要负责各个车间的生产管理，并且要直接向公司领导反映生产过程中出现的各种情况。这个岗位可以说是非常重要。但是很多人并不知道，汤姆·布兰德在进入公司的初期只是美国福特汽车公司一个制造厂的杂工，在他职业生涯的开始阶段，就是在做好每一件小事中获得了成长，并最终成为福特公司的总领班。那一年他才32岁，是在这个有着"汽车王国"之称的福特公司里最年轻的总领班，这确实是一件很不容易的事。

汤姆在20岁的时候进入工厂，一开始，他并没有一味地蛮干、傻干，而是通过自己的观察，对汽车制造有了一个整体的认识。他了解到一辆汽车由制作零件到装配出厂，大概要经过多少道工序，要经过哪几个部门，这些部门各自的工作是什么，它们之间是如何协调工作的。最后他得出一个结论：如果自己要在汽车制造业做出一番事业，就必须对汽车的全部制造过程都能有深刻的了解。因此，他主动要求从最基层的杂工做起。

当时的杂工不是正式工人，没有固定的工作场所，经常是哪里有零活就要到哪里去。正是因为有了这份工作，汤姆才有机会和工厂的各部门接触。汤姆做杂工做了一年半之后，他申请调到汽车椅垫部工作。当他学会了制作椅垫的手艺，又申请调到点焊部、车身部、喷漆部、底盘部等部门去工作。就这样，在不到5年的时间里，他几乎在工厂的各个部门都工作过了。

汤姆的父亲看到儿子不断地调换工作部门，十分不解，他问汤姆："你工作已经好几年了，可这几年你总是做些焊接零件、给零件刷漆的小事，你就不怕耽误前途？"

汤姆很理解父亲的心情，他笑着说："爸爸，你不明白，我要做的不是一个部门的工头，我希望成为整个工厂的领导者，要做到这一点，必须花点时间了解整个工作流程，这样才能从整体和局部两个方面做好管理工作。我现在正在做的正是最有价值的事情，我要学的不仅仅是一个汽车椅垫是如何生产加工的，或者是油漆是怎么刷上去的，我要学的是整辆汽车是如何制造的。"

汤姆经过坚持不懈地学习、工作，经过一个又一个部门的实践，学会了一门又一门的手艺，当他确信自己已经具备管理能力时，他决定在装配线上施展拳脚，他申请到装配线上去工作。由于汤姆在其他部门干过，懂得零件的加工工艺和质量检验方法，这为他的装配工作提供了不少便利，使他学习得更快，进步得更快。没过多久，他就成了装配线上最出色的员工并因此晋升为领班。

汤姆·布兰德的成功实际上就是将每一件小事做好，然后积少成多，由量而质地发生飞跃，在岗位上做出了自己的成绩。汤姆做杂工干的是小事，而汤姆却从中获得对各部门的工作性质和工作环境的认识，为实现最终的职业目标打下了坚实的基础。所以，有这样一句话：与其浑浑噩噩浪费时间，不如从我们经手的每一件琐事、每一件小事中得到成长，由简入繁，积少成多，最终迎来人生的春天。

在现实中，对于做小事，不同的人有不同的理解，也就会取得不同的成就。不屑于做小事的人做起事来往往好高骛远，在高不成低不就中蹉跎；而务实的人则会安心工作，把做小事作为锻炼自己、提高能力的机会。很多小事的积累可以让我们得到多方面的锻炼，增强自己的判断能力和思考能力。

注重工作中的每一件小事，可以让我们不断积累人生经验，最终获得能力的升华；放任小事，有时候不仅是错失锻炼自己的机会，甚至会养成种种陋习，最终毁掉自己的前途。

"看似简单的事，做好也不容易。"话总是说起来容易，做起来难，在这一点上，几乎所有的人都达成了共识。但有些人选择努力去做，有的人却选择了放弃。那些能够克服困难，踏踏实实做事的人，最终一定能够获得成功。

说到底，最重要的是细节。品质来源于细节，成败也取决于细节。细节做得不到位，设计得再巧妙也无济于事；细节做得不过关，再宏伟的建筑也是一个伪劣工程。美国的石油大亨约翰·洛克菲勒曾经说过："听到大家夸一个年轻人前途无量时，我总要问：他从工作细节中学到东西了没有？"

细节，在很多人看来微不足道，但它往往就像机遇一样，把握住了就能踏上成功之路，把握不住，就给自己增添了无数的绊脚石，让自己没有信心走下去。

曾经有一家国际贸易公司招聘业务人员，有一位年轻人前来应聘，他毕业于名牌大学，又有3年外贸公司工作的经验，在众多的应聘者中，他算是各方面条件相对不错的一个了。

"你原来在外贸公司做什么工作？"主考官问道。

"花椒的进出口贸易。"年轻人回答。

"近几年的花椒质量下降，销路非常不好，你知道是什么原因吗？"考官又问。

年轻人下意识地想到了花椒采摘手法对质量影响很大，就说："一定是农民在采摘花椒的时候不够细心。"

出乎年轻人预料的是，考官给他讲起了花椒采摘的门道。原来花椒采下来以后，要在太阳下暴晒一整天，如果晒不好，就不能称之为上品。但是最近几年，很多农民为了图省事，把采摘来的花椒放在热炕上烘干。这样烘出来的花椒虽然从颜色上看起来和晒过的花椒差不多，但是味道就相差很远了。这样产品的销路当然就不会像原来那么好了。

"一个好的业务员要重视工作中的每个细节。"考官最后送给年轻人一个最好的答案。

我们有时就像故事中的年轻人，自以为了解自己熟悉领域的一切，但当事情发生的时候，才发现我们忽略了很多，而这些被我们忽略的东西，往往决定着我们的成败。工作也好，生活也罢，有太多被我们忽略的东西了，我们自负地不去看那些细节，然后抱怨自己拥有得太少，可成功的真谛往往就存在于被我们忽略的细节之中。

很多成功的经验告诉我们：世界上没有做不到的事，只有做不成事的人。有些时候，只要细节做到位了，事情也就做成功了。放弃抱怨，踏实地捡起路上那些被我们忽略的石头，到你成功那天，你就会发现，自己曾经捡起的石头都是一颗颗闪着光的钻石！